SAMMLUNG GÖSCHEN BAND 1020

Die elektrischen Schweißverfahren

Von

Berat. Ing. Hans Niese VBI

Zweite Auflage

Neu bearbeitet von

Ing. Hans Dienst VDI

Mit 58 Abbildungen

WALTER DE GRUYTER & CO.

vormals G. J. Göschen'sche Verlagshandlung. J. Guttentag, Verlagsbuchhandlung. Georg Reimer. Karl J. Trübner. Veit & Comp.

Berlin 1955

Archiv-Nr. 111020
Druck: Buchkunst, Berlin W 35
Printed in Germany

INHALTS - VERZEICHNIS

Einführung

Die Anwendung elektrischer Schweißverfahren, deren Einführung kaum mehr als fünfzig Jahre zurückliegt und die nach dem Ersten Weltkrieg in verstärktem Maße einsetzte, gewann infolge der technischen Entwicklung im Stahlhoch- und Brückenbau, Schiffbau, Maschinenbau usw. immer mehr an Bedeutung. In den letzten Jahren ist eine große Zahl neuer Schweißverfahren entwickelt worden, die einerseits eine erhebliche Erweiterung der Schweißtechnik bewirkten, andererseits geeignet sind, ältere Verfahren allmählich zu verdrängen.

Aus diesem Grunde bedurfte die bereits 1930 erschienene erste Auflage dieses Buches einer völligen Neubearbeitung. Die Entwicklung der Schweißtechnik geht aber laufend weiter. Die neueren Verfahren konnten dabei noch nicht alle abschließend dargestellt werden; manche Ergänzung wäre hier noch erforderlich. Es war lediglich möglich, einen Querschnitt durch das umfangreiche Gebiet der Schweißtechnik zu geben, um so die interessierten Kreise mit den verschiedenen zur Zeit gebräuchlichen Verfahren bekannt zu machen und sie zu einer Ausweitung und Vervollkommnung ihrer Arbeitsmethoden anzuregen.

Das umfangreiche Gebiet der Schweißkalkulation wurde fallen gelassen, um eine weitere Einengung der einzelnen Verfahren und ihrer praktischen Anwendungsmöglichkeit zu vermeiden.

I. EINTEILUNG DER SCHWEISSVERFAHREN

Die Anwendungsmöglichkeiten der verschiedenen Schweißverfahren sind sehr vielseitig. Ihr Anwendungsbereich ist u. a. abhängig von der Art des zu schweißenden Werkstoffes, der Werkstoffdicke, der verlangten Schweißnahtgüte und der Konstruktion. Die Vielgestaltigkeit der Schweißausführung in Form, Ausführung und Anwendung hat die Entwicklung vieler Schweißverfahren nach sich gezogen. Zweckentsprechende und wirtschaftliche Anwendung des jeweils günstigsten Verfahrens setzt die Kenntnis seiner Arbeitsweise und Eigenarten voraus.

Die gesamten Schweißverfahren werden in zwei Hauptgruppen — Preß-Schweißung und Schmelz-Schweißung — eingeteilt. Bei der Preß-Schweißung erfolgt die Verbindung meist im teigigen Zustand unter Druckanwendung. Geht die Vereinigung im schmelzflüssigen Zustand vor sich, so spricht man von Schmelz-Schweißung. Die den beiden Hauptgruppen zugehörigen Verfahren sind aus Bild 1 ersichtlich. Bei einigen neueren Schweißverfahren ist

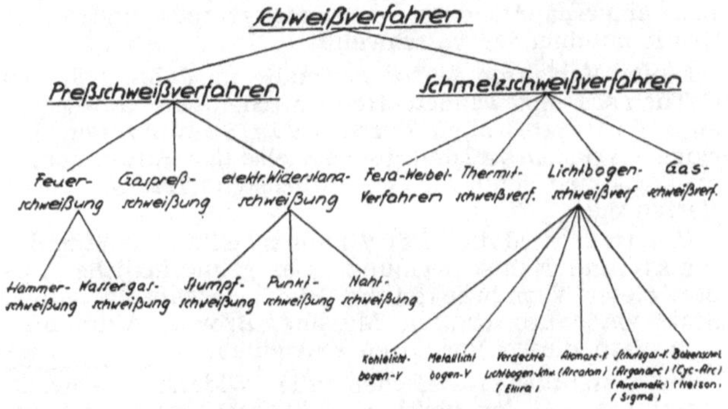

Bild 1: Übersicht über Schweißverfahren

eine genaue Zuordnung zur Preß- oder Schmelz-Schweißung nicht immer möglich, da sie häufig die Wesensart beider Verfahren vereinigen. Aus diesem Grunde werden diese Verfahren auch mit Widerstand-Schmelzschweißung bzw. mit Lichtbogen-Preßschweißung bezeichnet. Zur besseren Unterscheidung der einzelnen Verfahren untereinander war eine Neufestlegung der Verfahrensbenennungen erforderlich. Früher wurden die Verfahren meist nach den Herstellerfirmen benannt, während neuerdings die Bezeichnungen nach den charakteristischen Merkmalen festgelegt wurden. Im Bild 1 sind die Firmenbezeichnungen unter die neuen Begriffe hinzugefügt worden.

II. ELEKTRISCHE WIDERSTAND-SCHWEISSUNG

A. Allgemeines

Die elektrische Widerstandschweißung beruht auf dem größeren elektrischen Widerstand an der Stoßstelle zweier Metallteile, der dem durchfließenden elektrischen Strom entgegengesetzt wird. Die hierbei auftretende Wärmeentwicklung wird zum Schweißen verwendet. Die Schmelztemperatur wird bei dieser Verbindungsart nicht erreicht, sondern durch zusätzliche Druckanwendung wird eine innige Verbindung erzielt. Die Werkstücke werden in Vorrichtungen entsprechender Maschinen eingespannt, dann zusammengepreßt und unter Druck miteinander verschweißt.

Dieses Verfahren wurde erstmalig im Jahre 1887 von C. Thomsen angewendet. Hohe mechanische Gütewerte, gute Wirtschaftlichkeit durch kurze Schweißzeiten, geringe Wärmeeinwirkung sowie vielseitige Anwendungsmöglichkeiten sind die wesentlichsten Vorzüge dieses Verfahrens.

Unterteilt wird die Widerstandschweißung in Stumpf-, Punkt- und Nahtschweißung. Der grundsätzliche Aufbau dieser Verfahren ist im Bild 2 dargestellt. Außer Stahl sind auch Kupfer, Messing, Bronze, Aluminium u. a. nach diesen Verfahren schweißbar.

Im wesentlichen bestehen alle Widerstandschweißmaschinen aus den gleichen elektrischen und mechanischen Teilen. Diese sind der Transformator sowie die

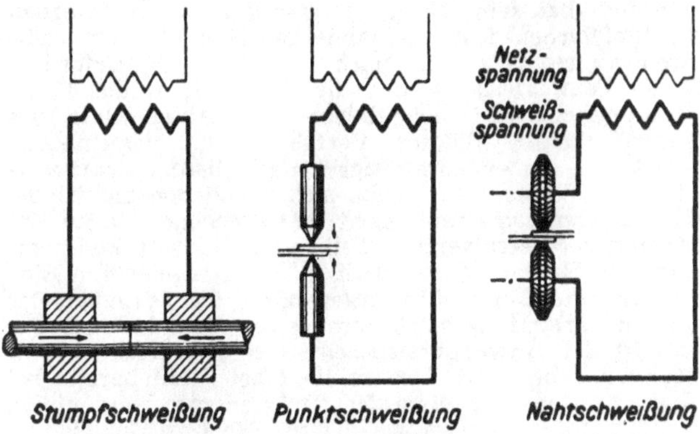

Bild 2: Grundsätzliche Darstellung der drei Widerstandschweißverfahren (1)[1])

Einspann- und Stauchvorrichtungen. Benötigt werden geringe Schweißspannungen von etwa 2—5 Volt und hohe Stromstärken bis zu 100 000 Ampere mit möglichst feinstufiger Regelbarkeit. Diese Betriebsverhältnisse sind nur bei Verwendung von Wechsel- bzw. Drehstrom gewährleistet.

Die Einspannvorrichtungen, die aus Spannbacken oder Elektroden bestehen, müssen gute elektrische Leiter sein und bestehen aus diesem Grunde meist aus Kupfer. Zur Ableitung der beim Schweißvorgang sich entwickelnden Wärme ist außerdem Wasserkühlung erforderlich.

B. Elektrische und mechanische Einrichtung der Maschinen

1. Stumpfschweißmaschinen

Bei der Stumpfschweißung unterscheidet man zwischen der älteren Druckschweißung oder Preßschweißung und der Abbrennschweißung.

Bei der Druckschweißung müssen die zu verbindenden Teile an den Berührungsflächen metallisch

---

[1]) Die eingeklammerten Zahlen beziehen sich auf das Schrifttumsverzeichnis im Anhang.

rein und eben sein. Nach erfolgter Einspannung werden die Stoßflächen fest aneinandergedrückt, der Schweißstrom eingeschaltet und nach Erreichung der erforderlichen Temperatur werden die Teile mit großer Kraft zusammengedrückt bei gleichzeitiger Abschaltung des Schweißstromes. Dieses Verfahren hat verschiedene Nachteile. Außer sorgfältiger mechanischer Vorbereitung der Werkstücke ist die aufzuwendende elektrische Arbeit sehr hoch und zieht entsprechend starke Erhitzung der geschweißten Teile nach sich (starke Wulstbildung). Ferner können sich in der Schweißstelle Einschlüsse und Bindefehler ergeben, die die Festigkeit der Schweißverbindung stark herabsetzen. Aus diesen Gründen ist der Anwendungsbereich dieses Verfahrens sehr begrenzt. Die obere Grenze liegt bei Stahl bereits bei Querschnitten von etwa 500 mm², entsprechend einem Durchmesser von etwa 20—25 mm. Die Anschlußleistung beträgt hierbei etwa 10 KVA. Des weiteren sind Stähle höherer Festigkeit für die Druckschweißung ungeeignet. Erst durch die Entwicklung der Abbrennschweißung im Jahre 1911 wurden die Anwendungsmöglichkeiten ganz erheblich erweitert.

Die Abbrennschweißung benötigt keine besondere Vorbereitung der Stoßflächen und wird für beliebige Querschnittsformen und -größen bis zu 40 000 mm² und sogar bis zu 70 000 mm² angewendet. Besonders geeignet sind stabförmige Körper mit runden oder eckigen Querschnitten und Walzprofile aller Art. Auch viele Sonderprofile und Konstruktionen, z. B. Schmiedestücke, Kurbelwellen und dergleichen, Bild 3, lassen sich ohne Schwierigkeiten miteinander verbinden. Auch die Verschweißung verschiedener Stahlsorten ist möglich und wird besonders bei der Herstellung hochwertiger Schneidwerkzeuge, wie Bohrer, Reibahlen, Fräser und dergleichen, angewendet. Hierbei wird für den Werkzeugschaft billiger, unlegierter Stahl und nur für den schneidenden Teil des Werkzeuges hochwertiger Werkzeugstahl, z. B. Schnellstahl, gewählt. Eine Stumpfschweißmaschine, die für alle Zwecke geeignet ist, gibt es auf Grund der vielseitigen Anwendungsmöglichkeiten nicht, so daß viele Bauarten entwickelt worden sind.

Bild 3: Verschiedene abbrenngeschweißte Teile

Bild 4: Stumpfschweißmaschine in Betrieb
(Hersteller: Siemens-Schuckertwerke)

Der eigentliche Schweißvorgang bei der Abbrennschweißung setzt sich zusammen aus der Vorwärmung, dem Abbrennen und dem Stauchen. Bei der Vorwärmung wird der Strom durch Hin- und Herbewegen der einen Werkstückhälfte mehrmals ein- und ausgeschaltet. Erst dann wird der Führungsschlitten gleichmäßig vorwärts bewegt, es erfolgt nun der eigentliche Abbrand. Bei Erreichung der Schweißtemperatur über den gesamten Querschnitt wird durch den Stauchvorgang die eigentliche Schweißverbindung eingeleitet und beendet.

Bei großen Querschnitten ist eine Pressung durch Handkraft nicht mehr durchführbar, so daß eine automatische Steuerung erforderlich wird. Je nach Art dieser Ausführung unterscheidet man handgesteuerte, halbselbsttätige und vollselbsttätige Stumpfschweißmaschinen. Mit einer handgesteuerten Maschine, wie in Bild 4 gezeigt, können Querschnitte bis etwa 5000 mm² verschweißt werden. Der erforderliche Stauchdruck wird mittels Handrad über eine Spindel erzeugt.

Bei der halbselbsttätigen Steuerung erfolgt das Vorwärmen und Abbrennen mit Handbetätigung, der

Bild 5: Selbsttätige Abbrenn-Stumpfschweißmaschine für Querschnitte bis 40.000 mm² (Hersteller: AEG)

Stauchvorgang hingegen vollkommen selbsttätig. Ebenso wird das Einspannen der großen Werkstücke elektrisch, pneumatisch oder hydraulisch gesteuert. Bei den vollselbsttätigen Maschinen werden sämtliche Vorgänge elektrisch gesteuert. Die erforderlichen Vorwärm- und Schweißzeiten sowie der Stauchdruck werden vorher eingestellt. Der Schweißvorgang wird alsdann durch Betätigung eines Druckknopfes ausgelöst. In Bild 5 ist eine vollselbsttätige Stumpfschweißmaschine zum Verschweißen von Querschnitten bis zu 40 000 mm² dargestellt.

2. Punktschweißmaschinen

Das Punktschweißen dient hauptsächlich zum Verbinden von blechförmigen Teilen. Vor allem im Ofen-, Jalousie-, Karosserie-, Waggon- und Behälterbau hat es große Anwendungsmöglichkeiten gefunden. Da die Festigkeitseigenschaften auch bei Schwingungsbeanspruchungen sehr günstig sind, hat sich die Punktschweißung außerdem im Fahrzeugbau stark eingeführt. Einfache Arbeitsweise, große Wirtschaftlichkeit und Zeitersparnis sind die nachweisbaren Vorteile dieses Schweißverfahrens. Im wesentlichen besteht eine Punktschweißmaschine aus dem Maschinengestell, dem Transformator sowie dem Ober- und Unterarm mit den Elektroden. Meist ist der Oberarm durch Fuß- oder Handbetätigung beweglich ausgeführt, um den erforderlichen Stauchdruck sowie die

Bild 6: Punktschweißmaschine, Leistung: 6/15 KVA, bis 2×6 mm Stahlblech (Hersteller: Siemens-Schuckertwerke)

Kontaktgabe zu erzielen. Im Bild 6 ist eine Punktschweißmaschine einfacher Bauart gezeigt. Für die Güte und Wirtschaftlichkeit der Schweißung ist eine genaue Bemessung der zugeführten elektrischen Energie von größter Wichtigkeit. Der Zustand der Erhitzung, in dem sich die Werkstücke mit Erfolg zusammenfügen lassen, hat zwei Grenzen, eine obere, die Verbrennungsgrenze, eine untere, die Grenze der Kaltschweißung. Aufgabe ist es, den Schweißvorgang möglichst in dem zwischen diesen beiden Grenzen liegenden Bereich zu erzielen. Außerdem muß größere Wärmeableitung in den begrenzenden Werkstoff vermieden werden, um größeren Verzug und Gefügeänderungen zu verhindern. Dies erfordert hohe Schweißströme und kurze Schweißzeiten. Eine mechanische Steuerung durch Hand- oder Fußbetätigung ergibt ungleichmäßige und daher schlechte Schweißverbindungen. Besonders kurze Zeiten von Bruchteilen einer Sekunde können überdies auf mechanischem Wege nicht mehr gesteuert werden. Die Einschaltdauer des Schweißstromes muß durch ein automatisches Steuerorgan begrenzt werden. Diese Schweißzeitbegrenzer sprechen meist auf eine bestimmte, einstellbare Schweißzeit an. Die Einschaltung des Schweißstromes erfolgt stets nach der Druckgabe durch den beweglichen Elektrodenarm, damit „Feuern" zwischen Elektrode und Werkstück und zwischen den zu verschweißenden Blechen vermieden wird. Ebenso muß der Schweißvorgang stets vor dem Öffnen der Elektrode beendet sein. Die Ein- und Ausschaltung des Schweißstromes erfolgt über ein Schütz, das durch ein Relais gesteuert wird. Beim Energieregler erfolgt eine Dosierung der zugeführten Schweißenergie (Vorteile bei verzunderten Blechen). Weitere Verkürzungen bei gleichzeitig besserer Steuerung der Schweißzeiten lassen sich bei Verwendung von Ignitrons erzielen, s. Nahtschweißmaschinen, S. 19.

Dem vorliegenden Fertigungsprogramm gemäß werden die Punktschweißmaschinen in zahlreichen Größen und Sonderausführungen gebaut. Bei Stahl liegt die Grenze im Anwendungsbereich bei etwa 10—12 mm Blechstärke, Aluminium bis etwa 6 mm. Größere Blechdicken erfordern sehr hohe Maschinenleistungen und sind daher für dieses Arbeitsverfahren nicht mehr wirtschaftlich.

Üblicherweise erfolgt die Anpressung der Elektroden von beiden Seiten der Bleche. Bei nur einseitiger Zugänglichkeit findet die Doppelpunktschweißung nach Bild 7 Anwendung. Die Dicke des unteren Bleches ist praktisch unbegrenzt. Bei den Mehrpunktschweißmaschinen macht man von dem gleichzeitigen Setzen mehrerer Punkte Gebrauch. Vor allem in der Massenfertigung haben sie Eingang gefunden. Bild 8 zeigt eine solche Maschine beim Zusammenpunkten von Radiatoren-Schalen. (Die Fertigschweißung erfolgt alsdann auf einer selbsttätig arbeitenden Nahtschweißmaschine.)

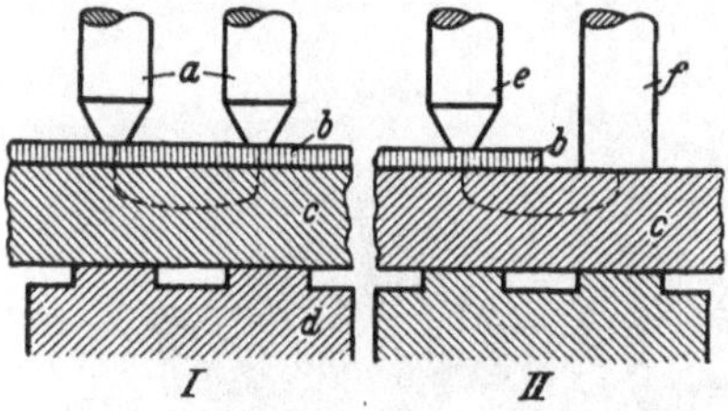

Bild 7:
Grundform der Doppelpunktschweißung (4)

Der plastische Bereich, in dem die Schweißung erfolgen kann, ist bei Stahl sehr groß (etwa von 900° C bis zur Schmelztemperatur). Bei Aluminium fehlt dieser Bereich fast vollkommen. Die Bemessung der Schweißzeit für die einzelnen Punkte muß deshalb sehr kurz und gleichmäßig erfolgen, um ein Ausschmelzen des Aluminiums sowie größere Ausbreitung der Wärme infolge der hohen Wärmeleitfähigkeit zu vermeiden. Aluminium, hochlegierte Stähle (z. B. V 2 A), Messing und andere Legierungen stellen aus diesen Gründen ganz besonders hohe Anforderungen an die Punktschweißmaschinen, nämlich sehr kurze und präzis steuerbare Schweißzeiten mit hohen elektrischen Leistungen, die als Schnellpunktschweißmaschinen bzw. Hochleistungs-Punktschweißmaschinen bezeichnet werden.

Für große, sperrige Werkstücke, die auf ortsfesten Maschinen nicht geschweißt werden können, verwendet man Punktschweißzeuge, die wiederum in Schweißzangen, Schweißbügel, Schweißhebel, Stoß-Schweißzeuge und Spreizzangen unterteilt werden. Bei der Buckelblechschweißung, auch Warzenschweißung genannt, werden vorher in eines der zu verschweißenden Bleche Buckel (Warzen, Dellen) eingedrückt. Sämtliche Warzen werden in einem Schweißvorgang verschweißt, die beiden Bleche liegen danach fest aufeinander (Massenfertigung, hohe Wirtschaftlichkeit).

Bild 8: Mehrfach-Punktschweißmaschine (Hersteller: Hugo Miebach)

3. Nahtschweißmaschinen

Die Nahtschweißmaschinen entsprechen im Aufbau grundsätzlich den Punktschweißmaschinen. An Stelle der schaftförmigen Elektroden sind hier zwei Rollen angeordnet, die beide oder einzeln durch einen Motor angetrieben werden können. Universalschweißmaschinen dieser Art können durch Auswechseln der Elektroden gegen Rollen sowohl als Punkt- wie auch als Nahtschweißmaschinen betrieben werden. Die Rollenelektroden haben außer der Stromzuführung und der Ausübung des Stauchdruckes die Aufgabe, das zu schweißende Werkstück mit der jeweils erforderlichen Schweißgeschwindigkeit fortzubewegen.

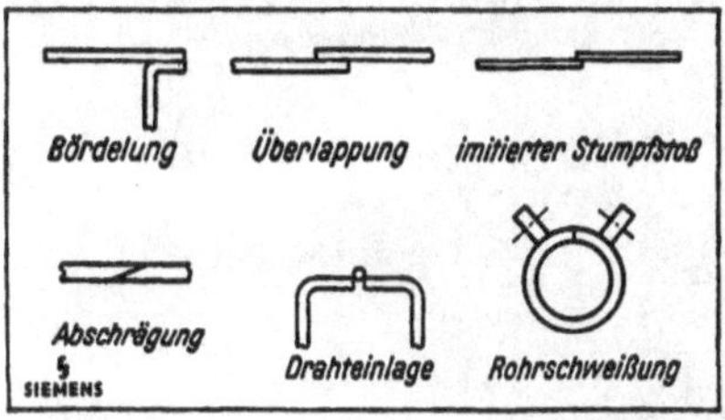

Bild 9: Nahtformen für Nahtschweißung

Die verschiedenen Anwendungsmöglichkeiten bezüglich Anordnung der Nahtform zeigt Bild 9. Besonders erwähnt sei der bei dünneren Blechen angewendete imitierte Stumpfstoß, bei dem die Breite der Überlappung etwa der Blechdicke entspricht. Beim Schweißvorgang wird die Naht durch den Elektrodendruck völlig ineinander gepreßt, daher auch die Bezeichnung „Quetschnaht".

Abgesehen von Bauarten für Sonderzwecke unterscheidet man vier verschiedene Arten von Nahtschweißmaschinen.

a) Längsnahtschweißmaschinen, s. Bild 10

Die Rollenelektroden drehen sich in der Ebene der beiden Arme, besonders geeignet zum Schweißen der Mantelnähte zylinderförmiger Körper.

b) Quernahtschweißmaschinen

Die Schweißrollen sind senkrecht zu der Ebene der Längsnahtschweißmaschinen angeordnet, vor allem zum Schweißen von Rundnähten und Böden zylinderförmiger Körper geeignet.

c) Nahtschweißmaschinen mit Dornschlittenarmatur

Sie entsprechen den Längsnahtschweißmaschinen, die untere Rollenelektrode wird gegen eine Dornschlitten-

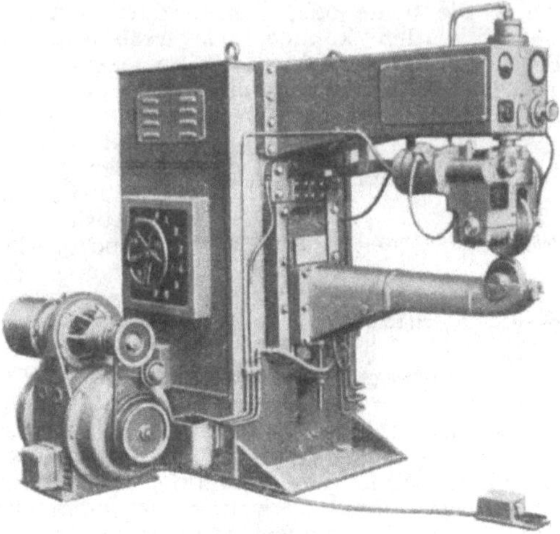

Bild 10: Längsnaht-Schweißmaschine
(Hersteller: Hugo Miebach)

armatur ausgewechselt, dadurch Schweißen kleinster zylinderförmiger Teile möglich.

d) Hohlkörperschweißmaschinen

Sie kommen bei Teilen (Messer- und Gabelgriffe) zur Anwendung, bei denen die Schweißnaht nur von einer Seite zugänglich ist. Als untere Elektrode dient ein Tisch, die zu verschweißenden Kanten werden an einer sich drehenden senkrechten Elektrode vorbeigeführt.

Die Maschinen sind so aufgebaut, daß durch Austausch einzelner Teile der Übergang von der einen zur anderen Ausführung ermöglicht werden kann. Der Antrieb der Schweißrollen kann als einfachste Lösung über eine Transmission mit mehrstufiger Riemenscheibe erfolgen. Bei Einzelantrieb werden die verschiedenen Schweißgeschwindigkeiten durch ein zwischengeschaltetes Getriebe erzielt. In letzter Zeit kommt auch hydraulischer Antrieb zur Anwendung.

Ausgeführte Nahtschweißungen mit ununterbrochener Drehbewegung der Schweißrollen und dauernder Stromeinschaltung ergeben unbefriedigende Schweißergebnisse, das Verfahren ist außerdem nur für dünnere Bleche anwendbar. Der Schweißstrom muß daher rhythmisch unterbrochen oder geschwächt werden. Die fortlaufende Nahtschweißung wird dadurch in eine Aneinanderreihung vieler Einzelpunkte aufgelöst, Bild 11. Als günstigste Entfernung von Punkt zu Punkt hat sich ein Abstand von 1-2 mm erwiesen. Die Beeinflussung der Strom-Zeitkurve beim Schweißen mit geringer Schweißgeschwindigkeit geschieht im einfachsten Falle durch eine mechanische Steuerung. Hohe Schalthäufigkeit ergibt große Anforderungen an den Schalter. Bessere Lösungen stellen daher die Verwendung eines Modulators (umlaufender Drehtransformator), der Kaskadensteuerung oder gittergesteuerter Stromrichter (Vakuumröhren) dar. Beim Schweißen mit Modulator schwankt die dem Werkstück zugeführte Energie zwischen einem Höchst- und einem Mindestwert (Abschwächung des Schweißstromes).

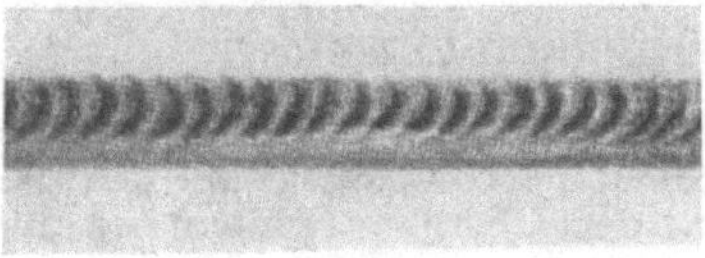

Bild 11: Überlappung der einzelnen Punkte einer Schweißnaht

Der gittergesteuerte Stromrichter ist inzwischen von der Ignitron-Steuerung (kleinere Bauweise) restlos verdrängt worden. Bei diesen elektronischen bzw. Röhren-Steuerungen wird der zum Schweißen verwendete Wechselstrom durch einen Zündimpuls geschaltet. Diese „kontaktlosen Schaltglieder“ ermöglichen Stromzeiten von weniger als 1/100 sec. Vorteile: keinerlei Verschleiß und Wartung, geräuschlose Funktion. Durch die gleichmäßigen Stromimpulse werden Punkt- bzw. Nahtschweißungen bester Qualität gewährleistet.

Die verschiedenen Möglichkeiten der genaueren Steuerung der Schaltvorgänge ermöglichte erst die einwandfreie Schweißung von Sonderstählen wie V 2 A,

V 4 A und der NCT-Stähle sowie der Nichteisenmetalle und deren Legierungen, vor allem Aluminium, Messing und dgl. Eine Automatisierung des Schweißvorganges — Druckgebung (motorisch mit Kniehebel, Preßluft oder Hydraulik), Rollenbewegung und Stromsteuerung — ist bei größeren Maschinenleistungen und bei der Forderung hoher Wirtschaftlichkeit notwendig. Fußhebelbetätigung findet nur für Maschinen bis etwa 25-kVA-Leistung Anwendung.

III. LICHTBOGENSCHWEISSUNG

A. Der Lichtbogen und seine Eigenschaften

Im Gegensatz zur Widerstandschweißung, bei der die elektrische Energie durch den Übergangswiderstand der Werkstücke in Wärme umgesetzt wird, werden bei der Lichtbogenschweißung die Eigenschaften des Lichtbogens zur Umwandlung der elektrischen Energie in Wärme verwendet. Die hierbei auftretende Wärmeentwicklung ist sehr hoch und kann bis zu 4000° C betragen. Die Aufschmelzung des Werkstoffes erfolgt ohne große Erwärmungszone, so daß starke Verwerfungen vermieden werden, ein wesentlicher Vorteil gegenüber der Gasschweißung. Da Luft normalerweise ein Nichtleiter ist, müssen bestimmte Voraussetzungen zur Aufrechterhaltung des Lichtbogens nach dem Zünden gegeben sein. Durch Jonisation wird die Luftstrecke elektrisch leitend gemacht. Der Schweißvorgang wird durch Kurzschlußbildung — Berührung der Elektrode mit dem Werkstück — eingeleitet. Die hierbei erzeugte Wärme hat eine Entsendung von Elektronen an der Kathode (Minuspol) zur Folge, die sich zur Anode (Pluspol) hin bewegen. Ein Atom als kleinster Baustein der Grundstoffe setzt sich aus dem Atomkern und den den Kern auf einer oder meist mehreren Bahnen umkreisenden Elektronen zusammen. Kern und Elektronen haben entgegengesetzte Polarität und ziehen sich daher an. Der Gleichgewichtszustand im Atomverband wird durch die auftretenden Zentrifugalkräfte der mit hoher Geschwindigkeit kreisenden Elektronen hergestellt. Dieser Gleichgewichtszustand wird im erhitzten, schmelzflüssigen Zustand gestört, da Werkstück und Elektrode infolge ihrer entgegengesetzten Polarität ebenfalls Anziehungskräfte auf die einzelnen Atomverbände ausüben. Hierbei werden der plusgepolte Kern von der Kathode, bei üblicher Schweißung die Elektrode, und die minusgepolten Elektronen von der Anode angezogen. Die Elektronen prallen infolge ihrer großen Geschwindigkeit mit großer Wucht auf das Werkstück auf, wobei die kinetische Energie (Bewegungsenergie) der Elektronen in zusätzliche Wärme umgewandelt wird. Diese Vorgänge erklären die um etwa 400 bis 600° C höhere Temperatur des Pluspoles. Die Ausgangsstelle des Lichtbogens liegt an der heißesten Stelle der Kathode, dem sog. Kathodenfleck. Die richtige Polung von Elektrode und Werkstück ist für das Gelingen einer Schweißung von wesentlicher Bedeutung. Beim Versuch, mit einer Kohleelektrode auf eine Kohleplatte oder auf eine zweite Kohleelektrode einen Lichtbogen zu ziehen, können wir feststellen, daß bei plusgepolter Kohleplatte und minusgepolter Elektrode ein einwandfreies Ziehen des Lichtbogens möglich ist. Bei umgekehrter Polung können wir beim Fortbewegen der Elektrode nach vorangegangener Zündung feststellen, daß der Lichtbogen dieser Bewegungsrichtung nicht nachfolgt. Er bleibt vielmehr nach seiner Zündstelle hin gerichtet und reißt schließlich ganz ab. Die Entsendung von Elektronen erfolgt bevorzugt an der heißesten Stelle der Kathode, da die benachbarten Stellen infolge zu geringer Temperatur keine Elektronen aussenden können, die Fortbewegung des Lichtbogens auf der Kohleplatte wird dadurch unterbunden (klebender Kathodenfleck). Stahl hat im Gegensatz zu Kohle eine größere Wärmeleitfähigkeit, der klebende Kathodenfleck macht sich daher nicht so stark bemerkbar. Der Lichtbogen brennt jedoch unruhiger, der Einbrand wird geringer. Die Elektroden, dies gilt im besonderen für nackte und dünn getauchte Elektroden, werden deshalb am Minuspol verschweißt. Da der Kern im Gegensatz zu den Elektronen der Masseträger ist, erfolgt bei dieser Bewegungsrichtung ein größerer Abbrand der Legierungsbestandteile des Elektrodenwerkstoffes. Um den Abbrand dieser Bestandteile zu verringern, werden höher legierte Elektroden am Pluspol verschweißt. Ein kleiner Schweißversuch mit einer

Kohleelektrode und einem Stück Aluminium veranschaulicht das deutlich. Wird die minusgepolte Kohle auf das plusgepolte Aluminiumblech gezündet, so ergeben sich überwiegend weiße Zündpunkte, bei umgekehrter Polung dagegen schwarze Punkte, Bild 12. Dieser Versuch ist außerdem gut geeignet, die Polarität eines Schweißgenerators festzustellen.

Es wäre verfehlt, diese elektrischen Erscheinungen des Lichtbogens mit dem eigentlichen Werkstoffübergang zu verwechseln. Durch elektrische Messungen mittels Oszillograph und fotografischen Aufnahmen sind

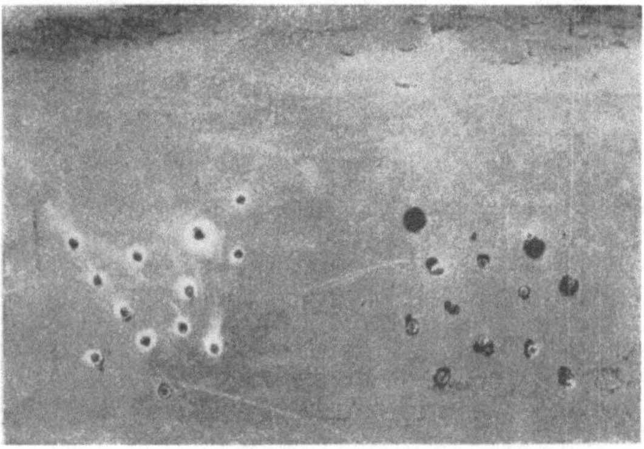

Bild 12: Zündpunkte auf Aluminiumblech,
links mit minusgepolter, rechts mit plusgepolter Kohleelektrode

die Tropfenübergänge im Lichtbogen ermittelt worden, sie betragen je nach Elektrodenart und Schweißbedingung etwa zwischen 10—40 Tropfen in der Sekunde. Die besonderen Merkmale des Lichtbogens stellen an Schweißgerät und Zusatzwerkstoff (Elektroden) ganz bestimmte Anforderungen, wenn einwandfreie Schweißergebnisse erzielt werden sollen. Besondere Merkmale und Eigenschaften des Lichtbogens sind:

1. Mit wachsendem Strom wird die Lichtbogenspannung kleiner.

2. Der Pluspol wird höher erhitzt als der Minuspol.
3. Die zunächst nicht leitende Strecke zwischen Werkstück und Elektrode ist nach voraufgegangenem Kurzschluß leitend.
4. Die Lichtbogenstrecke bleibt kurze Zeit nach der Unterbrechung des Stromes noch leitend.

Die bisherigen Betrachtungen beziehen sich auf den Lichtbogen bei Gleichstrom. Bei Wechselstrom erfolgt ein stetiger Spannungswechsel zwischen dem Plus- und dem Minuspol. Bei der üblichen Frequenz von 50 Per/sec sind 50 Halbwellen positiv und 50 negativ. Das bedeutet einen 100maligen Durchgang der Spannung durch die Nullinie innerhalb einer Sekunde, so daß der Lichtbogen 100mal in diesem Zeitraum erlischt und nach jedem Erlöschen neu gezündet werden muß. Blanke Elektroden können daher mit Wechselstrom nicht verschweißt werden, die Lichtbogenstrecke muß zusätzlich „ionisiert" werden, d. h. leitend gemacht werden. Zu diesem Zweck müssen Elektroden, die mit einer zusätzlichen Umhüllungsmasse versehen sind, verwendet werden.

Die Untersuchungen des Lichtbogens und seiner Vorgänge sind in den letzten Jahrzehnten erheblich fortgeschritten; sie können jedoch keineswegs als abgeschlossen gelten. Der Werkstoffübergang von Elektrode zum Werkstück erfolgt nicht nur durch die Schwerkraft, denn sonst wäre ein Senkrecht- und Überkopfschweißen nicht möglich. Mehrere Theorien versuchen, diese Vorgänge zu erklären. Von wesentlichem Einfluß wird die Oberflächenspannung an der Elektrodenspitze und im Schmelzbad und vor allem der sog. Pinch- oder Kneif-Effekt sein. Nach dem elektrotechnischen Gesetz, nach dem sich Leiter, die in der gleichen Richtung vom Strom durchflossen sind, gegenseitig anziehen, muß man sich die Elektrode als Stromleiter mit mehreren Strombahnen denken. Durch die wirkenden Anziehungskräfte tritt eine Abschnürung der flüssigen Elektrodenspitze ein (Pinch-Effekt).

B. Verfahren der Lichtbogenschweißung

Im Jahre 1885 wurde von Benardos erstmalig ein Lichtbogenschweißverfahren angewandt. Der Lichtbogen wird bei diesem Verfahren zwischen Werkstück (Eisenplatte) und einer Kohleelektrode gezogen, der Zusatzwerkstoff wird in Form eines Eisenstabes hinzugefügt und durch die hohe Lichtbogentemperatur abgeschmolzen. Wegen verschiedener Nachteile — Auflegierung mit Kohlenstoff, poröse und spröde Schweißungen — hat es sich nicht durchsetzen können. Lediglich in der Blechbearbeitung hat es unter der Bezeichnung Kohlelichtbogenschweißung größere Bedeutung erlangen können. Geschweißt wird hierbei mit und ohne Zusatzwerkstoff, die Nähte werden meist als Bördelnähte vorbereitet.

Im Jahre 1889 wurde von Zerener ein Verfahren entwickelt, bei dem der Lichtbogen zwischen zwei Kohleelektroden gezogen wurde. Durch einen im Halter eingebauten, vom Schweißstrom durchflossenen Blasmagneten wurde der Lichtbogen derart abgelenkt, daß eine Erwärmung des Werkstückes stattfand. Der Zusatzwerkstoff wurde ebenfalls durch einen Schweißstab zugeführt. Auch dieses Verfahren konnte sich infolge seiner Nachteile nicht einführen.

Erst im Jahre 1890 wurde durch Slavianoff ein Verfahren entwickelt, das heute als das weitverbreitetste elektrische Schweißverfahren Anwendung gefunden hat. Der Lichtbogen wird hierbei zwischen Werkstück und einer Stahlelektrode gezogen. Die Elektrode dient im Gegensatz zu den anderen beiden Verfahren gleichzeitig als Stromleiter und Zusatzwerkstoff. Außer Stahl und seinen Legierungen sind auch fast alle sonstigen Metalle und deren Legierungen schweißbar. Trotzdem waren mehrere Jahrzehnte erforderlich, um — nach erfolgter Weiterentwicklung brauchbarer Schweißgeräte und hochwertiger Schweißelektroden — diesem Verfahren den gebührenden Platz in den zahlreichen Fertigungszweigen der metallverarbeitenden Betriebe einzuräumen.

Die mangelnde Schweißnahtgüte in den ersten Jahrzehnten ist hauptsächlich auf porige und spröde Schweißungen zurückzuführen, die wiederum die Folge von Sauerstoff- und Stickstoffaufnahme aus der Luft waren. Diese Ursachen erklären die Entwicklung von Verfahren, bei denen zwecks Vermeidung schädlicher Einflüsse der Schweißprozeß in einem Schutzgas ausgeführt wird. Das Arcatom- und andere Schutzgasschweißverfahren gehören hierher. Das erstere wurde 1925 von Langmuir entwickelt. Der Lichtbogen wird nach dem Zerener-Prinzip zwischen zwei Wolfram-Elektroden, die durch ihren hohen Schmelzpunkt nur geringen Abbrand haben, gezogen. Geschweißt wird mit besonderen Wechselstromgeräten hoher Zündspannung. Durch zwei Ringdüsen, die konzentrisch um die Elektroden angeordnet sind, wird Wasserstoff zugeführt. Große örtliche Wärmeverhältnisse lassen hohe Schweißgeschwindigkeiten zu und ergeben durch die Schutzwirkung des Wasserstoffes hochwertige Schweißungen (höherlegierte Stähle). Nachteilig sind jedoch erhöhte Wasserstoff-Aufnahme und erhöhter Abbrand des Kohlenstoffes.

Seit einigen Jahren ist ein neues Schutzgasschweißverfahren unter der Bezeichnung Argonarc-Verfahren in den Vordergrund getreten. Auch hier findet zur Aufrechterhaltung des Lichtbogens eine Wolframelektrode Verwendung. Geschweißt wird jedoch nach dem Slavianoff-Prinzip, der Lichtbogen wird somit zwischen Werkstück und einer Wolframelektrode gezogen. Erforderlichenfalls kann mit Zusatzstab gearbeitet werden, ähnlich wie bei der Gasschweißung. Als Schutzgas findet Argon, teilweise auch Helium (Heliarc-Verfahren, meist in USA angewandt) Anwendung. Die Schweißzange wird wassergekühlt. Schweißbar sind sämtliche Metalle; das besondere Anwendungsgebiet sind hochlegierte Stähle (z. B. rostsichere Stähle), Aluminium, Kupfer und deren Legierungen. Da beim Schweißprozeß die atmosphärischen Einflüsse (Sauerstoff) ferngehalten werden, werden Oxydationen vermieden. Dadurch kann auf die Beigabe der sonst notwendigen Flußmittel verzichtet werden. Die sich daraus ergebenden Vorteile sind: hohe Schweißgüte durch bessere Überwachung des Schweißbades und durch wesentliche Minderung der Schweißfehler. Auch unlegierte Stähle werden neuerdings nach diesem Verfahren verschweißt. Das Argonarc-Verfahren hat bereits die bisher für diese angeführten Sonderzwecke verwendeten Verfahren erheblich verdrängt. Eine weiterhin gesteigerte wirtschaftlichere Herstellung des Argongases wird das Anwendungsgebiet dieses Schweißverfahrens wesentlich erweitern. Automatisch arbeitende Schutzgasschweißverfahren sind unter Aircomatic- und Sigma-Verfahren bekannt, s. hierzu S. 97.

Das Bolzenschweißverfahren, ebenfalls ein in den letzten Jahren zur Anwendung gekommenes Verfahren, dient zum Festschweißen von Bolzen u. dgl. Verwendung findet Gleichstrom hoher Stromstärke, bei einem Bolzendurchmesser von 10 mm etwa 300 Ampere. Ein kleineres Gerät für Bolzen mit 3—8 mm Durchmesser zeigt Bild 13. Nach Kurzschlußbildung wird der zu

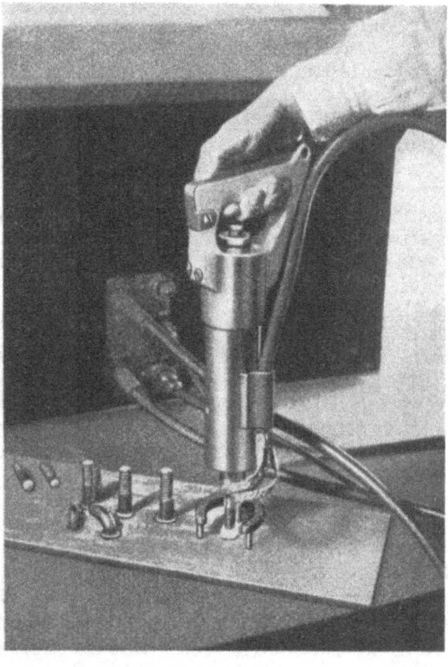

Bild 13: Bolzenschweißanlage („Cyc-Arc-Verfahren")

verschweißende Bolzen hochgezogen, der Lichtbogen gezündet und nach entsprechender Zeit fest angedrückt. Der Schweißvorgang wickelt sich vollautomatisch ab. Im Prinzip ähnelt er teilweise dem der Widerstandschweißung, nur daß zur Erhitzung und Aufschmelzung von Bolzen und Grundwerkstoff der Lichtbogen Anwendung findet, daher auch die Bezeichnung Lichtbogen-Preßschweißung. Anwendungsmöglichkeiten sind vor allem im Schiff-, Fahrzeug- und Behälterbau gegeben. Außer Stahl sind auch die wichtigsten Metalle nebst Legierungen nach diesem Verfahren schweißbar.

Beim Fesa-Weibel-Verfahren werden zwei Kohleelektroden unter Druck an den zu diesem Zweck vorbereiteten Bördelnähten entlanggeführt. Es ergeben sich schmale Erwärmungszonen. Anwendung findet dieses Verfahren bei dünnen Blechen aus Nichteisenmetallen, vor allem Aluminium. Obwohl es sich hierbei um ein Schmelzschweißverfahren handelt, gehört es nicht zu den Lichtbogenschweißverfahren, man bezeichnet es daher mit Widerstandschmelzschweißung.

IV. MASCHINEN UND GERÄTE FÜR DIE LICHTBOGENSCHWEISSUNG

A. Allgemeines

Zum Zünden und Aufrechterhalten eines Lichtbogens werden bestimmte Spannungen und Stromstärken benötigt. Strom und Spannung verhalten sich beim Lichtbogen umgekehrt wie beim Ohmschen Gesetz. Die sogenannte Lichtbogenkennlinie, Bild 14, ist stark abfallend und stellt dar, wieviel Spannung benötigt wird, um einen bestimmten Strom durch den Lichtbogen zu treiben. Die abfallende Charakteristik bedeutet praktisch, daß zum Zünden

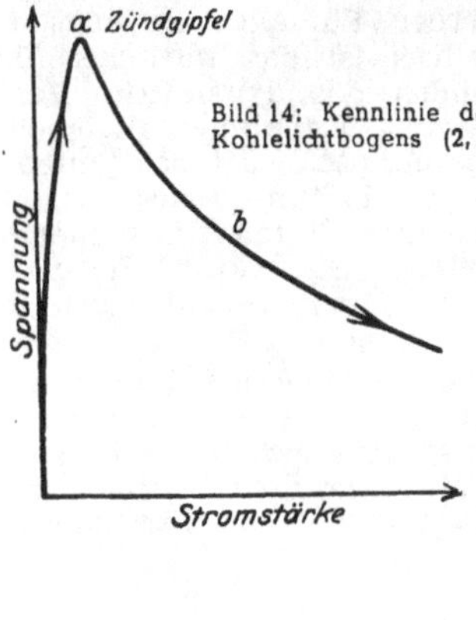

Bild 14: Kennlinie des Kohlelichtbogens (2, 4)

wesentlich höhere Spannungen benötigt werden als beim eigentlichen Schweißen.

Der Eigenart des Schweißvorganges entsprechend hat man zwischen drei verschiedenen Betriebsverhältnissen zu unterscheiden: Leerlauf — Zünden — Schweißen. Beim Leerlauf steht zwischen Schweißklemme und Werkstück die Leerlaufspannung von rund 60 Volt zur Verfügung, die Stromstärke ist 0; beim Zünden (Kurzschluß) sinkt die Spannung praktisch auf 0, der Strom erreicht einen bestimmten Höchstwert, der häufig über dem Wert des Schweißstromes liegt; beim Schweißen steigt die Spannung auf etwa 15—30 Volt (Lichtbogenspannung), der Strom stellt sich auf die entsprechende Schweißstromstärke ein.

B. Stand- und Stoß-Kennlinien

Aus diesen Anforderungen geht hervor, daß der Stromerzeuger sich den rasch wechselnden Verhältnissen des Lichtbogens möglichst trägheitslos anpassen muß. Übliche Generatoren für Licht- und Kraftnetze sind infolge ihrer flachverlaufenden Kennlinie (parallel zur Grundlinie) nicht brauchbar. Zur Verwendung kommen Generatoren mit besonderen Schaltungen, um die abfallende Kennlinie zu erreichen. Bei der Beurteilung einer Schweißmaschine ist das Verhalten dieser Kennlinien maßgebend. Grundsätzlich muß zwischen dem statischen und dem dynamischen Verhalten des Schweißgenerators unterschieden werden. Für alle sich langsam vollziehenden Belastungswechsel ist das statische, für alle plötzlich sich vollziehenden das dynamische Verhalten maßgebend. Die statische Kennlinie, allgemein mit S t a n d k e n n l i n i e bezeichnet, wird bei laufender Maschine unter Zwischenschaltung eines Regelwiderstandes im Schweißstromkreis ermittelt, s. hierzu gekrümmte Kurven des Bildes 15 a und b. Je nach Schaltungsart des Generators können diese Kurven in ihrem Verlauf verschieden sein.

Für plötzliche Belastungswechsel, wie sie beim Schweißen auftreten, ist die Standkennlinie nicht mehr maßgebend. Der schroffste Belastungswechsel tritt beim plötzlichen Kurzschluß der Maschine vom Leerlauf aus ein und umgekehrt. Die Spannungs- und Stromände-

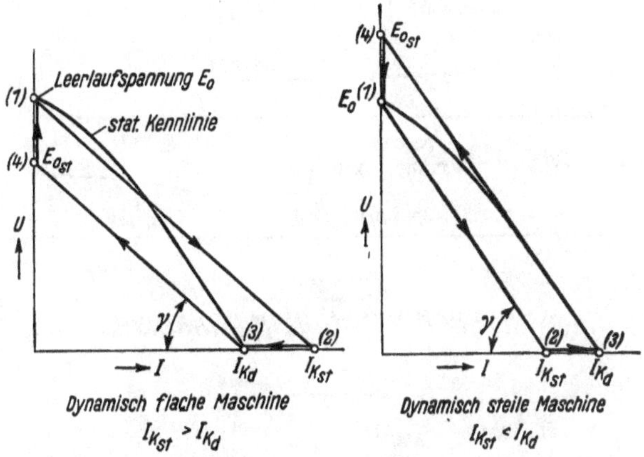

Bild 15: Die elektrischen Vorgänge beim Schweißen mit einem Schweißumformer (nach Scheuring und Haas)

rungen bei diesem Wechsel vollziehen sich in Bruchteilen einer Sekunde und können daher von üblichen Meßinstrumenten nicht abgelesen werden. Die Aufnahme eines solchen Diagramms — Oszillogramm genannt — erfolgt mit Hilfe eines Oszillographen. Im Bild 16 sind zwei Oszillogramme von zwei Maschinen verschiedener Bauart wiedergegeben. Beim Kurzschluß stellt sich sehr schnell der Stoßkurzschlußstrom $J_{k\,st}$ ein, der allmählich auf den Dauerkurzschlußstrom J_{kd} abklingt, bzw. im unteren Oszillogramm ansteigt. Gleichzeitig sinkt die Spannung sofort von der Leerlaufspannung auf 0. Werden die so ermittelten Strom- und Spannungswerte in die Diagramme, Bild 15, eingetragen und miteinander verbunden, so bedeutet das, daß sich der geschilderte Vorgang entlang dem Linienzug 1—2—3—4—1 vollzieht. Die Neigung dieser Linie gegen die Abszisse heißt die dynamische Steilheit der Maschine, die Linien selbst werden als S t o ß k e n n l i n i e n bezeichnet. Die Schweißeigenschaften eines Schweißumformers werden von der Steilheit der Stoßkennlinien wesentlich beeinflußt. Aus der Gegenüberstellung der beiden

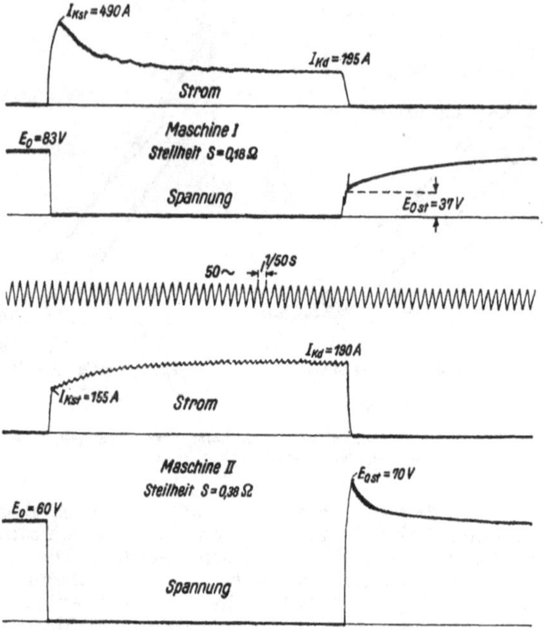

Bild 16: Oszillogramm des Vorganges „Leerlauf-Kurzschluß-Leerlauf" an zwei Schweißgeneratoren verschiedener Steilheit (nach Scheuring und Haas)

Abbildungen 15 a und 15 b ist deutlich das unterschiedliche Verhalten beim Kurzschluß zu ersehen. Bei der dynamisch flachen Maschine ergeben sich wesentlich höhere Kurzschlußströme als bei der mit steiler Kennlinie. Weiterhin wirkt sich die höhere Stoßleerlaufspannung E_{ost} bei der zuletzt genannten Maschine bei erneutem Zünden wie auch bei den Tropfenübergängen günstiger aus. Bild 17 zeigt die Aufnahme eines Oszillogramms beim Schweißen. Hierbei zeigt die Spannungskurve ein mehrmaliges Absinken der Spannung auf 0, herrührend von der Kurzschlußbildung der einzelnen

Tropfenübergänge. Deren Anzahl ist also ohne weiteres aus einem solchen Oszillogramm abzulesen, sie beträgt in diesem Falle innerhalb der dargestellten 1/2 sec. 11 Tropfenübergänge. Zusammenfassend kann über die Steilheit der Stoßkennlinie auf die Schweißeigenschaften einer Maschine gesagt werden: Bei großer dynamischer Steilheit ergeben sich gute Zündeigenschaften, weicher Schweißvorgang mit geringen Kurzschlußspitzen beim

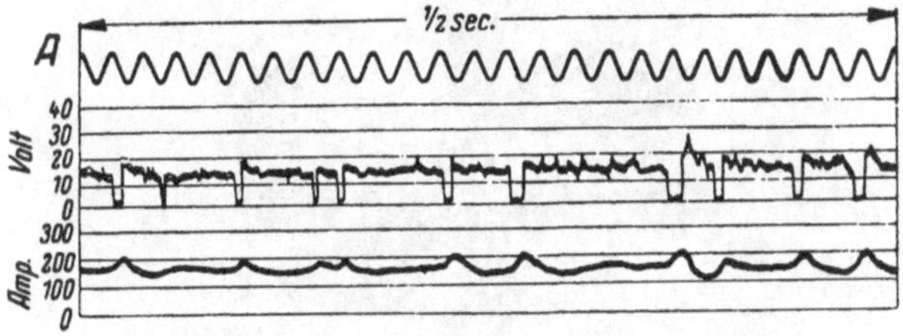

Bild 17: Oszillogramm des Schweißvorganges (1)

Tropfenübergang, elastischer Lichtbogen, der auch bei größerem Elektrodenabstand und bei großer Blaswirkung beständig ist. Bei geringer dynamischer Steilheit ergeben sich sinngemäß entgegengesetzte Eigenschaften.

C. Mechanischer Aufbau

Das Schweißen aus einem vorhandenen Gleichstromnetz ist durch Vorschalten eines regelbaren Widerstandes möglich. Der Vorschaltwiderstand bewirkt die Herabsetzung der Netzspannung und eine fallende Kennlinie. Da die übliche Gleichstrom-Netzspannung 110 bzw. 220 Volt beträgt, muß eine verhältnismäßig hohe Leistung vernichtet werden. Die Nachteile sind schlechter Wirkungsgrad und unwirtschaftliche Arbeitsweise, so daß dieses Verfahren keine Anwendung mehr findet. Diese Spannung gefährdet außerdem den Schweißer bei der Arbeitsausführung. Daraus ergab sich die Notwendigkeit, Schweißgeräte zu entwickeln, die der Kennlinie des Lichtbogens sowie den sonstigen schweißtechnischen Erfordernissen, wie gute Schweißeigenschaften, Regelbarkeit, Wirkungsgrad u. a., mehr gerecht wurden.

Der Schweißstrom wird in einem Schweißgenerator (Dynamo) erzeugt, der mit einem Gleich- oder Drehstrommotor betrieben wird. Bei neuzeitlicher Bauart sind Antriebsmotor und Generator in einem Gehäuse vereinigt (Eingehäuse-Umformer), wie im Bild 18 dargestellt. Steht kein Kraftnetz zur Verfügung, so erfolgt der Antrieb des Schweißgenerators entweder mit einem Diesel-, Benzin- oder Gasmotor. Die Ankerwelle ist in

Bild 18: Schweißumformer (Hersteller: Siemens-Schuckertwerke)

Wälzlagern, meist Kugellagern, gelagert. Ein eingebauter Ventilator sorgt für die erforderliche Belüftung des Aggregates, um unzulässige Erwärmungen der Wicklungen zu vermeiden. Ggf. kann der Umformer durch ein Fahrgestell an die jeweiligen Arbeitsplätze und Werkstücke herangefahren werden. Geräte dieser Bauart, bei meist üblicher Schweißleistung von 250—350 Ampere, ergeben durch die gedrungene, günstige Bauausführung geringe Gewichte von etwa 400—500 kg. Wichtig ist ferner, daß der Umformer beim Schweißen im Freien durch Witterungseinflüsse keinen Schaden leiden kann. Die Bauart gelangt daher als „tropfwassergeschützt" zur Ausführung. Zum Schutz der Armaturen, wie Schalter, Stromregler, Instrumente usw., vor mechanischer Beschädigung ist auf geschützte Anordnung dieser Geräte zu achten. Auch übersichtliche zentrale Anordnung sämtlicher Anschlüsse, Bedienungselemente und Instrumente auf einer Frontplatte sind gebräuchlich. Schließlich ist gute Zugänglichkeit zur Kommutierung zur regelmäßigen Pflege und Reinigung von Kollektor und Kohlebürsten erforderlich.

D. Elektrische Ausführung

Die Einschaltung des Motors geschieht in der üblichen Weise wie bei Gleich- bzw. Drehstrommotoren. Bei Gleichstrom verhindert der Anlasser das übermäßige Anwachsen des Ankerstromkreises, und bei Drehstrom, wobei der Rotor durchweg als Kurzschlußläufer ausgebildet ist, ist entsprechende Spannungsunterteilung durch einen Sterndreieckschalter vorgesehen. Die Handhabung dieser beiden Schaltvorrichtungen wird als bekannt vorausgesetzt. Der Anschlußwert bei Umformern üblicher Größe bewegt sich zwischen 9—12 kW. Durch die besondere elektrische Ausführung ergibt sich für die Gesamtanlage ein verhältnismäßig schlechter Wirkungsgrad von etwa 0,5, das bedeutet, daß nur rund 50 % der aufgewendeten Energie für den Schweißprozeß nutzbar gemacht werden können.

Die Grundschaltung des den Schweißstrom erzeugenden Generators kann als Nebenschluß-, Hauptschluß- oder Verbundmaschine (Compound-) entwickelt sein. Zusätzliche Wicklungen sind zur Verbesserung der Schweißeigenschaften und Erreichung einer einwandfreien Kommutierung erforderlich. Zur Erläuterung der Wirkungsweise diene folgendes: Beim stetigen Durchschneiden eines magnetischen Feldes durch die sich drehenden Ankerwicklungen wird in diesen ein elektrischer Strom erzeugt (induziert). Das bedingt, daß die im Gehäuse des Generators angeordneten Wicklungen der meist zwei oder drei Polpaare elektrisch erregt werden müssen, damit ein magnetisches Feld zustandekommen kann. Beim Zünden der Elektrode auf dem Werkstück würde durch den sehr hoch ansteigenden Kurzschlußstrom bei einem Generator solcher Bauart die Maschine gefährdet werden und außerdem das

Schweißen sehr erschwert oder unmöglich gemacht. Aus diesem Grunde wird z. B. bei der Maschine mit Verbundschaltung das Feld des Erregerstromkreises durch eine zweite Wicklung, die durch den Schweißstromkreis gespeist wird, geschwächt, da sie der Hauptwicklung entgegenwirkt. Die Wirkung der Gegenwicklung gleicht somit fortlaufend das übermäßige Anwachsen des Kurzschlußstromes aus. Die Möglichkeiten der Schaltung sind äußerst vielseitig und sollen im Hinblick auf den Rahmen dieser Ausführungen nicht näher behandelt werden, zumal ausführliches Schrifttum über dieses Gebiet vorhanden ist (4) [1].

Zwei besondere Bauarten, die Querfeld- und die Streufeldmaschine, seien noch erwähnt. Sie sind durch Sonderschaltungen gekennzeichnet und besitzen gute Schweißeigenschaften, insbesondere einen geringen Kurzschlußstrom, gute Zündeigenschaften und einen elastischen Lichtbogen.

Das bereits erwähnte magnetische Feld kann entweder durch Selbst-, Eigen- oder Fremderregung erzeugt werden. Bei der Selbsterregung erzeugt die Maschine die Spannung selbst, die zur Erregung der Magnete erforderlich ist. Bei Eigenerregung wird diese Spannung durch eine besondere, auf der Ankerwelle der Maschine sitzende Dynamomaschine erzeugt. Endlich wird bei Fremderregung die Erregerspannung einem Drehstromnetz über einen Gleichrichter oder einem fremden Gleichstromnetz entnommen.

Wichtig ist eine feinstufige Regelung der Schweißstromstärke. Dies kann auf verschiedene Art erreicht werden. Man kann z. B. über einen regelbaren Vorwiderstand eine Änderung des Erregerstromkreises erreichen, ferner durch Verschieben der Bürsten auf dem Kollektor (Sammler mit Bürstenverstellung) oder aber durch Änderung des magnetischen Flusses durch sogenannte Tauchpole. Im letzten Fall wird der eiserne Kern der Magnete im Querschnitt verringert oder vergrößert, wodurch die magnetische Kraftliniendichte in

[1] Die eingeklammerten Zahlen beziehen sich auf das Schrifttumsverzeichnis im Anhang.

der Maschine beeinflußt wird. Der erforderliche Regelbereich des Generators richtet sich nach den vorliegenden Schweißarbeiten. Für übliche Betriebsverhältnisse kommen Elektroden mit Durchmessern von 3—5 mm zur Anwendung. Die Schweißumformer werden dementsprechend in verschiedenen Größen gebaut. Kleingeräte haben eine Schweißleistung von etwa 160 Ampere und können Elektroden mit Durchmessern bis maximal 4 mm verschweißen. Die meist übliche Ausführung läßt Schweißleistungen bis etwa 250 bis 350 Ampere zu, entsprechend einem Elektrodendurchmesser von 5 bis 6 mm. Für besonders hohe Leistungen sind Geräte als Einzelumformer bis zu 500 Ampere gebräuchlich. Bei Durchführung von Dünnblechschweißungen muß auf genügende Regelmöglichkeiten im unteren Schweißbereich, und zwar bis etwa 30 Ampere herab, geachtet werden. Daher besitzen die Umformer häufig mehrere Schweißbereiche, die entweder durch einen besonderen Schalter oder aber durch Umklemmen eines Schweißkabels am Klemmbrett der Maschine eingestellt werden können. Die einzustellende Schweißstromstärke ist auf einer Skala abzulesen. Manche Maschinen besitzen zwei Meßinstrumente, einen Spannungs- und einen Strommesser, die infolge der rauhen Betriebsverhältnisse jedoch leicht Schaden nehmen. Von der Automatenschweißung abgesehen, ist der übliche „Handschweißbetrieb" eine unterbrochene Betriebsart (Leerlauf durch Elektrodenwechsel usw.). Als Handschweißbetrieb (H S B) wird daher eine Betriebsweise bezeichnet, die bei 55 % Einschaltdauer (55 % E D) eine Leerlaufzeit von 45 % vorsieht und der normalen Betriebsart beim Schweißen entspricht. Diese Verhältnisse sind vor allem bei kleineren Geräten zu beachten, um Überlastungen zu vermeiden. Bei ununterbrochenem Schweißbetrieb spricht man von Dauerbetrieb (D B), der beispielsweise beim Automatenbetrieb vorliegt. Um die Regelung bei schwer zugänglichem Standort der Maschine zu erleichtern (Montage- und Schiffbauschweißungen), können Fernregler angewendet werden. Hierbei wird der Schweißstrom durch einen beim Schweißer stehenden Fernregler reguliert, der durch besondere Kabel mit der Maschine verbunden ist.

E. Betrieb und Pflege

Bei der Inbetriebnahme eines Schweißumformers ist vor allem auf die Anschlußspannung und auf genügende Absicherung zu achten. Das Schweißgerät kann bei Drehstrom meist an Netzspannungen von 220, 380 oder 500 Volt angeschlossen werden. Je nach vorhandener Netzspannung muß der Antriebsmotor auf diese Spannung geschaltet werden. Ordnungsgemäße Absicherung, bei Drehstrom meistens 25—35 Ampere, je nach Größe des Umformers, ist wichtig, damit ein Schutz gegen Überlastung vorhanden ist. Weiterschweißen nach Ausfall einer der drei Phasen kann Durchbrennen der Motorwicklung nach sich ziehen, daher ist zusätzlicher Anbau eines Motorschutzschalters empfehlenswert. Ebenfalls ist auf richtige Drehrichtung der Maschine zu achten (durch Pfeil gekennzeichnet). Der Schweißstrom wird vom Kollektor (Sammler) über Kohlebürsten und Kabel der Schweißstelle zugeleitet. Beim raschen Lauf der Ankerwelle tritt bei Verschmutzung des Kollektors durch die hohen Schweißströme sogenanntes „Feuern“ der Kohlebürsten ein. Dieselbe Erscheinung tritt auch bei zu schwachem Anpreßdruck der Bürsten ein. Es ist also erforderlich, den Kollektor in Zeitabständen mit feinem Schmirgelpapier zu säubern, um gute Kommutierung zu erreichen. Ebenso ist der Federdruck zu überprüfen und notfalls nachzustellen. Abgenutzte oder beschädigte Kohlebürsten müssen in jedem Falle ausgewechselt werden. Werden diese anfangs nur geringfügigen Schäden nicht früh genug bemerkt, so sind größere Reparaturen, wie Ausbau der Ankerwelle und Abdrehen des Kollektors, erforderlich. Etwa ein- bis zweimal jährlich empfiehlt sich ein Ausblasen des gesamten Umformers mit Preßluft. Die Lagerung bedarf nur geringer Wartung, jedoch sollte wenigstens einmal jährlich eine Überprüfung und nach Bedarf ein Auswaschen und erneutes Einfetten der Kugellager vorgenommen werden.

F. Schweißumspanner (Transformator)

Beim Schweißumspanner wird mit Wechselstrom geschweißt. Der Aufbau eines solchen Gerätes ist sehr einfach, Bild 19. Auf einem meist rechteckigen eisernen

Kern, der aus dünnen, lamellierten Blechen zusammengesetzt ist, sitzen zwei Wicklungen, die Primärwicklung und die Sekundärwicklung. An die Enden der Primärwicklung wird das Netz angeschlossen; in der Sekundärwicklung wird der eigentliche Schweißstrom erzeugt. Das Prinzip des Umspanners beruht auf der Möglichkeit der Spannungs-Transformierung, wobei umlaufende Teile vermieden werden. Die Spannungen und Strom-

Bild 19: Schweißumspanner (Hersteller: Dalex-Werk)

stärken ändern sich im Verhältnis der Windungszahlen beider Wicklungen. Die Regulierung des Schweißumspanners ist grundverschieden von der des Umformers. Es kommen drei Regelarten in Frage.

1. Regulierung durch Spulenverschiebung

Durch Verschiebung der Spulen auf dem Eisen wird eine Änderung der magnetischen Streuung hervorgerufen. Unter Streuung versteht man einen Verlust magnetischer Kraftlinien. Diese magnetischen Kraftlinien, die von der Primärwicklung erzeugt werden, rufen durch Schneiden der Windungen der Sekundärspule die Schweißspannung hervor. Durch Verminderung oder Vermehrung dieser Kraftlinien kann auch die Spannung und damit die Stromstärke erniedrigt oder erhöht werden.

2. Regulierung durch Streupaket

Auch bei dieser Regelart wird durch das Einschieben eines Paketes, das aus dünnen Eisenblechen besteht, der Kraftlinienweg zwischen den beiden Spulen verändert. Bei eingeschobenem Paket ist die Streuung gering, da sich die Kraftlinien im Eisen schließen. In diesem Zustand wird die höchste Stromstärke des Umspanners erreicht.

3. Regulierung durch Spulenanzapfung

Während die Regelarten 1 und 2 die Streuung des Transformators verändern, wird bei der Spulenanzapfung das Übersetzungsverhältnis geändert. Einzelne Windungen, meist der Sekundärspule, werden durch Umstecken einer Stöpselvorrichtung zu- bzw. abgeschaltet. Als Nachteil ergibt sich eine grobstufige Regelung, so daß diese Bauart nur noch selten hergestellt wird. Bei Kleingeräten bis etwa 160 Ampere ist diese Regelmöglichkeit neuerdings wieder zu finden. Da diese Geräte oft nur etwa 8 Regelstufen besitzen, sind sie wegen schlechter Regelbarkeit nicht zu empfehlen.

Nachteilig sind die hohen Magnetisierungsströme des Umspanners, da sie das Netz ungünstig belasten. Um diesen schlechten Leistungsfaktor auszugleichen, werden meist Kondensatoren eingebaut (Schweißumspanner mit Kompensation). Bedingt durch den ein- oder zweiphasigen Netzanschluß ergibt sich außerdem eine ungleichmäßige Netzbelastung. Dieser Nachteil und der schlechte Leistungsfaktor sind die Gründe dafür, daß die Elektrizitätswerke den Anschluß von Umspannern ungern sehen und bei vorhandenen bereits stark belasteten Netzen den Anschluß sogar untersagen. Als schweißtechnischer Nachteil der Umspanner ist zu erwähnen, daß blanke, dünn getauchte und Seelen-Elektroden nicht, bzw. nur bedingt verschweißt werden können. Ebenso ist das Verschweißen hochlegierter Elektroden (V 2 A, V 4 A, N C T) nur mit Sonderhüllen möglich.

Die einzelnen Vor- und Nachteile des Umspanners im Gegensatz zum Umformer seien zusammenfassend kurz angeführt:

Vorteile:

- geringe Anschaffungskosten,
- geringe Wartung und Reparaturen,
- geringer Energieverbrauch,
- geringere Blaswirkung,
- geringe Leerlaufverluste.

Nachteile:

- keine, bzw. ungünstige Verschweißbarkeit blanker und dünn getauchter Elektroden,
- größere Unfallgefahren,
- ungünstige Netzbelastung,
- schlechter Leistungsfaktor.

Es hat in den letzten Jahrzehnten nicht an Neuentwicklungen gefehlt, um die ungünstigen Eigenschaften der Umspanner zu verbessern. Vor allem sind es zwei Neuentwicklungen der letzten Jahre, die der Erwähnung bedürfen; das Hochfrequenz-Zündgerät und der Schweißwandler. Beim Hochfrequenz-Zündgerät (HF-Zündgerät) wird dem Schweißstrom ein hochfrequenter Strom überlagert, so daß der Lichtbogen unmittelbar nach dem Nulldurchgang des Schweißstromes mit Sicherheit wieder gezündet wird. Die günstigere Lichtbogenstabilisierung gewährleistet bessere Schweißeigenschaften. Der ungleichmäßigen Netzbelastung versuchte man bisher durch dreiphasigen Anschluß mit Sonderschaltungen zu begegnen, erreichte jedoch meist nur eine Belastungsverteilung im Verhältnis 1 : 2 : 1. Beim Schweißwandler, einer Neuentwicklung der AEG, wird eine vollkommen symmetrische Netzbelastung bei Drehstrom erreicht. Die Verdopplung der Schweißstromfrequenz verbessert die Zündfähigkeit des Lichtbogens, so daß es möglich ist, auch getauchte Elektroden mit dem Schweißwandler sicher und einwandfrei zu verarbeiten. Die Entwicklung in dieser Richtung wird noch nicht abgeschlossen sein; so könnten durch weitere Frequenzsteigerungen weitere Verbesserungen der Schweißeigenschaften ermöglicht werden.

G. Mehrstellen-Schweißanlagen

Liegen auf verhältnismäßig kleinem Raum viele Schweißarbeiten vor, so empfiehlt sich die Verwendung von Mehrstellen-Schweißanlagen. Dies trifft für große Schweißwerkstätten im Großstahlbau, in Schiffbaubetrieben, Schweißer-Lehrwerkstätten usw. zu. Der Mehrstellen-Schweißumformer ist eine Konstantspannungsmaschine und wird in Größen von etwa 1000 bis 4000 Ampère gebaut. Die abfallende Kennlinie wird durch eingebaute Schweißstromregler erreicht. Für jede Schweißstelle ist ein solcher Regler erforderlich. Solche Anlagen ergeben eine bessere Ausnutzung gegenüber der Betriebsweise mit Einzelumformern, da die Leerlaufverluste wegfallen, die Anschaffungskosten verringert werden und der Wirkungsgrad verbessert wird. Die Vorteile gestalten sich um so günstiger, je geringer die Einschaltdauer der einzelnen Schweißstellen ist. Bild 20 zeigt ein Doppelstellen-Gerät für zwei Schweißstellen.

Bild 20: Doppelstellen-Schweißumspanner (Hersteller: Dalex-Werk)

Diese Ausführung kann außerdem bei Parallelschaltung der beiden Schweißstromkreise für Sonderzwecke verwendet werden, bei denen hohe Schweißstromstärken erforderlich sind. (Korrekterweise sei gesagt, daß diese Doppel-Schweißgeräte nicht zu den eigentlichen Mehrstellen-Schweißanlagen zugeordnet werden.)

H. Schweißgleichrichter

Die Schweißgleichrichter bestehen aus einem Umspanner und dem eigentlichen Gleichrichter. Die Regelung der Schweißstromstärke erfolgt im Transformatorteil ebenfalls durch Änderung der Streuung. Der niedergespannte Drehstrom wird durch den Gleichrichter in Gleichstrom verwandelt. Infolge sehr geringer Trägheit ergeben sich günstige Schweißeigenschaften. Es werden Röhren- und Selengleichrichter verwandt, deren Herstellung in den letzten Jahren in starkem Maße zugenommen haben.

V. SCHWEISSZUBEHÖR

Zur Durchführung einwandfreier Schweißarbeiten gehört außer geeigneten Schweißaggregaten einwandfreies Schweißzubehör. Die hohen Schweißströme werden der Elektrode bzw. dem Lichtbogen durch Schweißkabel zugeleitet. Das eine Kabel, Bodenkabel, wird durch eine Schraubzwinge mit dem Arbeitstisch oder dem Werkstück direkt verbunden. Das andere Kabel, Handkabel, endet in der Schweißklemme oder Schweißzange. Durch Schraubkraft oder Federdruck wird die Elektrode hierin eingeklemmt. Gedrungene, handliche Ausführung ist wichtig, damit der Schweißer auch in schwer zugänglichen Konstruktionen sicher arbeiten kann. Auf gutes Festspannen der Elektrode im Halter ist ebenfalls zu achten. Die Kabelquerschnitte richten sich nach der Schweißleistung, sie haben normalerweise bei Verwendung von Kupferkabel einen Querschnitt von 50 mm². Um Behinderungen des Schweißers durch das schwere Kabel zu vermeiden und damit wesentlich zum besseren Gelingen der Schweißarbeit beizutragen, wählt man für die letzten 3 bis 5 m des Handkabels einen dünneren Querschnitt (35 mm²). Sämtliche Verbindungsstellen im Schweißkabel müssen gut und vor allem fest hergestellt sein. Außer normalen Schraubverbindungen unter Anwendung von Kabelschuhen gelangen auch besondere Klemmverbindungen (Klemmuffen) zur Anwendung. Um unnötigen Spannungsverlust zu vermeiden, sollen die Schweißkabel nicht länger als nötig ausgeführt werden.

Ein Schutzschild soll Augen und Gesicht vor schädlichen Strahlen schützen. Schweißerhandschuhe (Lederhandschuhe) werden aus demselben Grunde verwendet, sollen außerdem auch Schutz gegen Schweißspritzer geben, um sicheres Arbeiten vor allem bei Montageschweißungen zu gewährleisten. Zum Schutz der Bekleidung werden entweder derbe Schutzanzüge oder Lederschürzen getragen.

Die sich beim Schweißen bildende Schlacke wird mit Pickhammer und Drahtbürste entfernt. Zum selben Zweck dienen Hammer und Meißel, vor allem um auch fester sitzende Schweißspritzer und dgl. abschlagen zu können.

Um die vorgeschriebene Dicke der Kehlnähte messen zu können, werden Kehlnahtlehren verwendet, die in verschiedenen Ausführungen auf dem Markt sind.

VI. VERHALTEN DER STÄHLE BEIM SCHWEISSEN

A. Einteilung, Eigenschaften und Prüfverfahren der Stähle

Wird der Vorgang bei der Schmelzschweißung als ein sich im Kleinen abspielender Eisenhüttenprozeß betrachtet, so versteht man ohne weiteres die enge Beziehung zwischen den verwickelten Vorgängen bei der Stahlerzeugung und denen beim Schweißen. Nicht nur die Eigenschaften des Stahles, der Einfluß der Legierungsbestandteile, die Wärmebehandlung müssen vom Schweißpraktiker beherrscht werden, sondern durch die rein örtliche Abwicklung des Schweißvorganges müssen außerdem die gesetzmäßigen Zusammenhänge über Verzug, Schweißspannungen usw. bekannt sein.

Nach der Begriffsbestimmung durch den deutschen Werkstoff-Normenausschuß bezeichnet man als „Stahl" alles schon ohne Nachbehandlung schmiedbare Eisen. Nach der Verwendung wird zwischen Bau- oder Konstruktionsstählen und Werkzeugstählen unterschieden. Für die Schweißung hat die erste Gruppe die wesentlichste Bedeutung; man unterteilt hier im weiteren in normale Bau-, Vergütungs- und Einsatzstähle. Weitere Unterscheidungen werden nach der Art der Herstellung (z. B. Bessemer-, Thomas-, Siemens - Martinstahl), der Zusammensetzung (unlegierte, legierte und Edelstähle) und der Gefügeausbildung vorgenommen. Durch die Art der Erschmelzung, der Wärmebehandlung und nicht zuletzt der Legierungsbestandteile lassen sich die mannigfachsten Eigenschaften in den einzelnen Stahlsorten erzielen. Man unterscheidet mechanische, physikalische und chemische Eigenschaften. Davon sind die erstgenannten am wichtigsten und sollen deshalb kurz besprochen werden. Die Festigkeit eines Stahles gibt einen zahlenmäßigen Vergleichswert für die jeweilige Beanspruchungsart — Zug-, Druck-, Biege- oder Dauerfestigkeit — an. Durch entsprechende Festigkeitsversuche bis zum Bruch des Werkstoffes werden spezifische Festigkeitswerte ermittelt, die in kg/mm^2 (oder auch kg/cm^2) ausgedrückt werden. So gelangt für die Bestimmung der Zugfestigkeit der Zerreißversuch zur Durchführung. Für die Beurteilung der Festigkeit eines Stahles ist außer der reinen Zugfestigkeit die Höhe der Streckgrenze (Fließgrenze), ebenfalls in kg/mm^2 gemessen, ebenso wichtig. Sie gibt die Belastungshöhe an, bei der noch keine plastische Formänderung — bleibende Verformung nach der Beanspruchung — festgestellt wird. Bis zu einer bestimmten Belastungshöhe spricht man vom elastischen Bereich, d. h. der Stahl nimmt nach der Entlastung wieder seine ursprüngliche Form ein. Bei darüber hinausgehender Beanspruchung — plastischer Bereich — tritt eine plastische Verformung ein, der Prüfstab geht nach der Entlastung nicht restlos in seine Ursprungsform zurück. Unter Dehnung versteht man die Längenänderung nach einem Zerreißversuch im Verhältnis zur ursprünglichen Länge in % ausgedrückt (genormte Prüfstäbe). Besondere Bedeutung in der Schweißtechnik hat der Biege- oder Faltversuch erlangt, da hierbei mit einfachen Mitteln die Verformbarkeit einer Schweißverbindung ermittelt werden kann. Die Zähigkeit eines Werkstoffes bei Stoß- und Schlagbeanspruchung wird durch den Schlagbiegeversuch ermittelt und durch die erforderliche Schlagkraft (gemessen in mkg), bezogen auf den Prüfquerschnitt (cm^2) zum Ausdruck gebracht (mkg/cm^2). Die größte Bedeutung hat der sogenannte Kerbschlagversuch erlangt, bei dem der meist quadratische Probenquerschnitt durch eine Kerbe geschlitzt ist. Auf diese Art wird die sogenannte Kerbschlagzähigkeit ermittelt, die für die Beurteilung von Werkstoffen und Schweißverbindungen von besonderer Wichtigkeit ist. Unter Härte versteht man den Widerstand, den der Werkstoff dem Eindringen eines Prüfkörpers entgegensetzt. Die bekannteste Prüfmethode ist die Brinellhärteprüfung, bei der mit einer Stahlkugel, meist 10 mm Durchmesser, bei bestimmter Belastung und Zeitdauer geprüft wird. Näher auf die Prüfverfahren und Eigenschaften des Stahles einzugehen, würde hier zu weit führen.

B. Einfluß der Legierungselemente

Wie bereits erwähnt, werden die verschiedenen Eigenschaften des Stahles vor allem durch die Beifügung von Legierungselementen beeinflußt. Diese können sowohl günstigen wie auch schädlichen Einfluß ausüben. Die wichtigsten seien, in ihren Eigenschaften und ihrem Einfluß auf den Stahl sowie auch auf das Schweißen, kurz besprochen.

Kohlenstoff (chemisches Kurzzeichen C) ist der wichtigste Begleiter des Stahles. C erhöht Festigkeit und Streckgrenze bei gleichzeitiger Abnahme von Dehnung und Zähigkeit. Zugaben von 0,1 % C ergeben bereits eine Zunahme der Festigkeit von etwa 9 kg/mm^2. Bei steigendem Kohlenstoff-Gehalt, über 0,2 %, wächst außerdem die Härtbarkeit an, d. h. Zunahme der Härte beim Abschrecken nach vorangegangener Erhitzung (Härtetemperatur). Die Abhängigkeit der mechanischen Eigenschaften vom C-Gehalt veranschaulicht Bild 21.

Mangan (Mn) steigert ebenfalls, jedoch in geringerem Maße, Festigkeit und Streckgrenze. Günstig wirkt sich sowohl bei der Stahlerzeugung wie auch beim Schweißen die desoxydierende Wirkung (Entziehung bzw. Bindung des Sauerstoffes) im Schmelzbad aus.

Silizium (Si) wirkt festigkeitssteigernd und übt desoxydierende und beruhigende Wirkung (Verringerung der Gasblasen) bei der Herstellung des Stahles aus. Die Zunderbeständigkeit wird bei höherem Si-Gehalt erhöht. Beim Gußeisen hat es durch die Förderung der Graphitausscheidung besondere Bedeutung. Nachteilige Einflüsse bez. Porenbildung und Steigerung der Sprödigkeit bei Si-Gehalten über 0,7 % im Stahl sind noch nicht restlos geklärt.

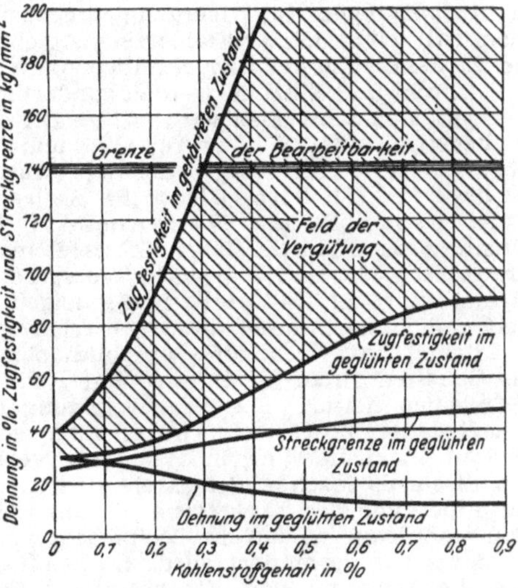

Bild 21: Mechanische Eigenschaften von Kohlenstoffstahl nach Wendt

C h r o m (Cr) erhöht die Festigkeit bei nur geringer Erniedrigung der Dehnung. Höhere Gehalte verbessern die Warmfestigkeit und Zunderbeständigkeit. Cr ist in Verbindung mit C Träger der Korrosionsbeständigkeit; bei über 13 % Cr ergeben sich rostsichere Stähle. Beim Schweißen tritt in der Übergangszone Neigung zur Härtung ein. M o l y b d ä n (Mo) erhöht bei geringen Mengen (0,2 %) die Zug- und besonders die Warmfestigkeit. Die Schweißbarkeit wird günstig beeinflußt. K u p f e r (Cu) ergibt keine nennenswerte Erhöhung der Festigkeit. Von 0,2 % an wird der Korrosionswiderstand bereits wesentlich erhöht. Nickel (Ni) hat auf die Zunahme der Festigkeit nur geringen Einfluß, erhöht dagegen in starkem Maße die Zähigkeit und Warmfestigkeit. Höhere Legierungsgehalte ergeben ebenso wie bei Mangangehalt austenitisches Gefüge, s. S. 47/48. Beim Schweißen können sich bei niedriglegierten Nickelstählen Aufhärtungen im Übergang ergeben. Aluminium (Al) wirkt bei der Stahlerzeugung ebenso wie Mn und Si desoxydierend und beruhigend. In Verbindung mit Chrom und Silizium werden zunderbeständige Stähle erzielt. Das Schweißen wird infolge Oxydbildung des Al beeinträchtigt. Wolfram (W) und Vanadium (V) steigern Härte und besonders Warmfestigkeit. Schwefel (S), Phosphor (P), Sauerstoff (O_2), Stickstoff (N_2) und Wasserstoff (H_2) wirken durchweg als Stahlschädlinge. Schwefel macht den Stahl rotbrüchig, Phosphor bewirkt Versprödung des Stahles und führt zu Kaltbruch. Beide neigen zu Seigerungen und können durch diese Anreicherungen die Gleichmäßigkeit des Werkstoffes erheblich stören. Bei höheren Gehalten rufen sie Poren- und Rißbildungen beim Schweißen hervor. Die Verunreinigung durch S bzw. P soll daher je 0,06 % nicht übersteigen. Durch Anwesenheit von Sauerstoff, in chemischer Verbindung mit dem Eisen als Eisenoxyd auftretend, tritt eine erhebliche Minderung der Zähigkeit ein. Außerdem wird der Stahl rotbrüchig, so daß die Schmiedbarkeit herabgesetzt oder sogar verhindert wird. Stickstoff mindert ebenfalls die Dehnung und Zähigkeit, die Festigkeit wird dagegen gesteigert. Die Größenordnung dieser unerwünschten Stahlbegleiter kann beim Schweißprozeß sehr verschieden sein und ist abhängig vom angewendeten Schweißverfahren und von der Art des Zusatzwerkstoffes (Elektroden).

C. Warmbehandlung

Wie alle Metalle zeigt auch der Stahl Kristall-Struktur, d. h. eine Menge kleinster Kristalle bilden den Aufbau und das Gefüge. Die Legierungsbestandteile im Stahl treten mit diesem in chemischer Verbindung auf, wodurch der Gefügeaufbau wesentliche Änderungen erfährt. Z. B. tritt der Kohlenstoff in Verbindung mit dem Eisen als sogenanntes Eisenkarbid auf. Die Zusammensetzung einer chemischen Verbindung ist gesetzmäßig, so setzt sich Eisenkarbid (mit 6.67 % C) — Fe_3C — aus drei Teilen Eisen und einem Teil Kohlenstoff zusammen. Bei einem Kohlenstoffgehalt unter 0,9 % besteht das Gefüge aus reinen Eisenkristallen, Ferrit genannt, zwischen dem ein anderer Gefügebestandteil, der den Kohlenstoff enthält, eingelagert ist. Dieser Bestandteil ist kein reines Eisenkarbid, sondern ein feines Gemenge aus Eisenkarbid und Ferrit. Seines perlmutterartigen Glanzes wegen hat dieses Gemenge die Bezeichnung Perlit erhalten. Bei steigendem C-Gehalt wächst der Anteil an Perlit so lange, bis bei 0.9 % das ganze Gefüge nur noch Perlit aufweist. Über diese Grenze hinaus entsteht neben dem Perlit freies Eisenkarbid. Zementit genannt. Dies gilt bis zu einem Kohlenstoffgehalt von 1,7 %, darüber hinaus beginnt der Bereich des Gußeisens, in dem ein weiterer Gefügebestandteil, Ledeburit, auftritt. Die Eigenschaften dieser Bestandteile in den jeweiligen Gefügeformen sind grundverschieden. Ferrit ist sehr weich, Perlit härter, jedoch gut bearbeitbar, Zementit dagegen sehr hart. Entsprechend steigern sich die Festigkeitswerte. Diese Zustandsform gilt für gewöhnliche Temperaturen. Bei der Erwärmung ändern die Kristalle nicht nur ihre Form und Größe, sondern auch ihre chemischen Zustandsformen. Bei höheren Temperaturen steigert sich die Lösungsfähigkeit des Kohlenstoffes im Eisen. Dadurch entsteht oberhalb einer bestimmten Temperatur ein neuer Gefügezustand, der mit Austenit bezeichnet wird. Diese gesetzmäßigen Zusammenhänge sind aus dem Eisen-Kohlenstoff-Schaubild ersichtlich, das gewissermaßen als „Fahrplan“ für den Eisenhütten- und Schweißfachmann anzusehen ist. Näher darauf einzugehen, würde hier zu weit führen, zumal eingehende Abhandlungen über dieses Gebiet vorliegen (1, 2, 3, 4).

Zur Erläuterung dieser Vorgänge sei angeführt, daß die Temperaturhöhe der Umwandlungspunkte vom Gehalt an Kohlenstoff abhängig ist. Mit steigendem C-Gehalt sinken diese sogenannten Umwandlungspunkte, bei reinem Eisen beträgt dieser 910° C und sinkt bei einem

C-Gehalt von 0,9 % auf 720° C. Erläutert sei, daß es sich hier um den oberen Umwandlungspunkt, AC_3-Punkt genannt, handelt, zum Unterschied von dem unteren Umwandlungspunkt, der weniger große Bedeutung hat. Zum Verständnis dieser Änderungsvorgänge sei dieser chemische Umwandlungsprozeß erörtert: Oberhalb dieser Temperaturlinie ist der Kohlenstoff gleichmäßig im Eisen in Lösung gegangen, obwohl sich der Stahl noch im festen Zustand befindet. Dieser neue Gefügezustand, Austenit, hat wesentlich andere Eigenschaften als der Gefügezustand, der im abgekühlten Zustand bei einem Stahl gleicher Zusammensetzung vorliegt, u. a. ist er weich und unmagnetisch. Bei einem im austenitischen Bereich befindlichen Stahl ergibt sich der ursprüngliche Gefügezustand nur nach langsamer Abkühlung (Ausglühen), die zur Gefügeumwandlung erforderlich ist. Bei rascher Abkühlung haben die einzelnen Kristallkörper keine Möglichkeit zur Umbildung und werden mehr oder weniger in einem Zwangszustand festgehalten.

Den sich hierbei bildenden neuen Gefügezustand bezeichnet man mit Martensit, der sehr hart und spröde ist. Den Vorgang beschleunigter Abkühlung nach vorangegangener Erhitzung eines Stahles über seinen oberen Umwandlungspunkt, AC_3-Punkt, nennt man Härten. Das Abschrecken erfolgt je nach Härtebedingungen, Stahlart usw. entweder in Wasser, Öl oder Luft. Die Bildung von Martensit und somit eine Härtung des Stahles ist von einer Mindestmenge an Kohlenstoff abhängig, diese beträgt etwa 0,2—0,3 %. Für den Härtegrad ist außerdem die Schnelligkeit der Abkühlung von großem Einfluß. Bei verzögerter Abschreckung entstehen dann Gefügearten, die nicht die Härte des Martensit erreichen, sie werden als Troostit und Sorbit bezeichnet.

Alle bisher genannten Gefügebestandteile treten beim Erhitzen und Abkühlen im festen Zustand des Stahles auf. Bei Abkühlung aus schmelzflüssigem Zustand, ein Vorgang, der sich bei der Herstellung von Stahlguß und auch von Schmelzschweißungen abspielt, scheiden sich Ferrit und Perlit nicht mehr in regelmäßig begrenzten Körnern ab, sondern in strahligen, gruppenförmigen Schichten mit zackiger, unregelmäßiger Gestalt. Es entsteht ein Gußgefüge, welches man wie die meisten Gefügearten nach dem Entdecker als Widmannstättensches Gefüge bezeichnet. Ein solches Gefüge ist gegen Stoß- und Schlagbeanspruchung empfindlich, die Kerbschlagzähigkeit wird stark herabgemindert.

Aus dem Bisherigen geht hervor, daß die Beachtung dieser beim Erhitzen und Abkühlen eines Stahles geschilderten Vorgänge nicht nur bei der Erzeugung und Weiterverarbeitung des Stahls von großer Wichtigkeit sind, sondern gleich große Bedeutung für den Schweißfachmann haben. Bei der Herstellung einer Schweißverbindung werden bei der Betrachtung der gesamten Verbindung in den jeweiligen Zonen sämtliche Temperaturen vom Schmelzfluß bis zur Raumtemperatur erreicht. Unterschiedliche Eigenschaften sind die Folge. Man unterscheidet drei verschiedene Zonen:

1. die Schmelzzone,
2. die wärmebeeinflußte Zone im Grundwerkstoff,
3. den wärmeunbeeinflußten Grundwerkstoff.

Betrachtet man den jeweiligen Gefügezustand, so findet man im Schweißgut Gußgefüge vor, anschließend ein sehr grobes Korn (Temperaturbereich oberhalb 900° C bis zum Schmelzpunkt), das mehr und mehr in ein feineres Gefüge (Temperatur um 900° C) und alsdann in das unbeeinflußte Walzgefüge des Grundwerkstoffes übergeht. Wenn der AC_3-Umwandlungspunkt, bei normalen Baustählen etwa 900° C, wesentlich überschritten wird, tritt eine Kornvergröberung (Kornwachstum) ein. Man spricht dann von Überhitzung des Stahles, die nach Möglichkeit vermieden werden muß, da Grobkornbildung ungünstige Festigkeitseigenschaften zur Folge hat. Beim Schweißen ist sie ohne Wärmenachbehandlung zwar nicht vermeidbar, kann jedoch durch die Art des Schweißens (Stromstärke, Wahl des Elektrodendurchmessers, Schweißgeschwindigkeit, Anzahl der Schweißlagen) stark beeinflußt werden. Von der Überhitzung eines Stahles ist die Verbrennung zu unterscheiden. Hierbei, d. h. bei Einwirkung noch höherer Temperaturen, treten ein Ausbrennen von C und eine Verbindung der Kristallkörner mit dem Sauerstoff ein, die Oxyde und

Verbrennungsprodukte lagern sich an den Korngrenzen ab. Ein solch „mißhandelter“ Stahl ist nicht mehr verwendbar (geringe Festigkeit) und läßt sich durch keine Nachbehandlung wieder brauchbar machen.

Durch nachträgliche Wärmebehandlung ist es möglich, die Güteeigenschaften einer Schweißverbindung wesentlich zu verbessern. Hiervon wird bei Erzielung höchster Schweißgüte vor allem im Kessel- und Rohrleitungsbau Gebrauch gemacht. Beim Normalglühen, auch Normalisieren genannt, wird die gesamte Schweißverbindung einer Glühbehandlung oberhalb der AC_3-Umwandlung (etwa 900° C) unterworfen. Dadurch wird über den gesamten Querschnitt der Schweißverbindung ein gleichmäßiges, feines Gefüge erzielt. Gesteigert werden dadurch vor allem Dehnung und Kerbschlagzähigkeit. Die Behandlung erfolgt entweder im Glühofen oder bei größeren Konstruktionen und im Rohrleitungsbau mit besonderen Gasringbrennern. Die Abkühlung muß langsam erfolgen, um Spannungen zu vermeiden. In diesem Zusammenhang sei die normalisierende Wirkung der Mehrlagenschweißung angeführt. Stärkere Werkstoff-Querschnitte werden durch mehrere Schweißlagen miteinander verbunden. Bei der einwirkenden Wärme weiterer Schweißlagen wird das grobe Gußgefüge der unteren Schweißlage durch die normalisierende Wirkung in feinkörniges Gefüge umgewandelt. So hergestellte Schweißnähte ergeben bessere Güteeigenschaften, die Dehnung und Kerbschlagzähigkeit werden verbessert. Um gleichmäßige Gefügeumwandlung zu erreichen, ist zu beachten, daß die einzelnen Schweißlagen nicht zu stark aufgetragen werden. Bei der letzten Lage, Decklage genannt, ist auf diese Weise eine Feinkornbildung nicht erzielbar, das Widmannstättensche Gefüge bleibt hier erhalten.

Von dieser normalisierenden Glühbehandlung ist das Spannungsfreiglühen zu unterscheiden. Die hierbei angewendeten Temperaturen liegen zwischen 600—650° C, also wesentlich unterhalb des Temperaturbereiches, bei dem die Gefügeumwandlung beginnt (721° C). Der Zweck einer solchen Glühbehandlung ist somit nicht der einer Gefügeverbesserung, sondern man will hierdurch nachteilige, durch das Schweißen hervorgerufene

Spannungen beseitigen. Da der Stahl bei den genannten Temperaturen nur noch geringe Festigkeit von einigen kg/mm² besitzt, werden sämtliche vorhandenen Spannungen auf diesen gleich niedrigen Wert abgebaut (Spannungsausgleich). Zur Anwendung gelangt das Spannungsfreiglühen u. a. bei Schweißkonstruktionen im Maschinenbau, z. B. Getriebekästen u. dgl., um Verzug bei der nachträglichen mechanischen Bearbeitung zu vermeiden. Auch im Kesselbau findet es in Sonderfällen Anwendung, wenn auf normalisierendes Glühen verzichtet werden kann. Bemerkenswert ist nämlich, daß auch die Gütewerte, Festigkeit und Dehnung eine Verbesserung erfahren können, obwohl eine Gefügeänderung nicht eintritt.

VII. SCHWEISSELEKTRODEN

A. Verschiedene Elektrodenarten

Die richtige Wahl des Zusatzwerkstoffes — der Schweißelektrode — ist für das Gelingen der Schweißarbeit von ausschlaggebender Bedeutung. Sowohl die Güte der Schweißverbindung wie auch die wirtschaftliche Leistung des Verfahrens lassen sich durch verschiedenartige Zusatzwerkstoffe erheblich beeinflussen. Die Elektroden unterteilt man zunächst in zwei Gruppen, Elektroden für Verbindungsschweißungen und solche für Auftragschweißungen. Bei der ersten Gruppe werden vornehmlich Festigkeitseigenschaften, bei der letzten Härte- und Verschleißeigenschaften verlangt.

Die an die Elektrode zu stellenden Forderungen sind gute Verschweißbarkeit, wie ruhige und gleichmäßige Abschmelzung, geringes Spritzen, Verschweißbarkeit in sämtlichen Positionen und hohe mechanische Güteeigenschaften wie Festigkeit, Dehnung und Zähigkeit.

Es ist erklärlich, daß durch die Vielzahl dieser Forderungen die Entwicklung einer Universalelektrode, bei der alle erwähnten Eigenschaften in möglichst höchster Güte vereinigt sind, bislang nicht verwirklicht werden konnte. Dadurch ist die große Zahl der entwickelten Elektrodentypen erklärt. Um aus dem zahlreichen Angebot von Typen und Sorten für bestimmte Schweißarbeiten die wirtschaftlich und gütemäßig beste Elektrode festzulegen, ergeben sich nach der Art der Herstellung:

1. Nackte Elektroden,
2. Seelenelektroden,
3. Umhüllte Elektroden
   a) dünn umhüllt,
   b) mitteldick umhüllt,
   c) dick umhüllt,
   d) Sondertypen.

Nackte Elektroden

Nackte Elektroden sind gezogene oder gewalzte Schweißdrähte. Wegen ungünstiger Schweißeigenschaften und geringer mechanischer Güteeigenschaften werden sie für Verbindungsschweißungen nicht mehr verwendet. Der Lichtbogen brennt bei ihrer Verwendung unruhig und reißt durch ungenügende Ionisation der Lichtbogenstrecke leicht ab. Infolge erhöhter Sauerstoff- und Stickstoffaufnahme aus der Luft ergeben sich in der Schweißnaht Anreicherungen von Oxyden und Nitriden (chemische Verbindungen), welche die Schweißverbindung hart und spröde machen. Die Dehnung beträgt höchstens 10 %, die Kerbschlagzähigkeit etwa bis 3 mkg/cm². Verschweißbar sind nur Stähle geringer Festigkeit bis etwa 45 kg/mm².

Seelenelektroden

Die Seelenelektrode stellt, rein äußerlich betrachtet, einen blanken Draht dar, der aber im Innern einen nichtmetallischen Kern, die Seele, trägt. Dieser Kern soll mittig im Draht liegen und dient sowohl der Ionisation wie auch der Vermeidung von Stickstoff- und Sauerstoffaufnahme in großem Ausmaße. Die Güteeigenschaften werden wesentlich verbessert und erweitern besonders bei legierten Seelendrähten den Anwendungsbereich auch auf Stähle höherer Festigkeit bis St. 70.

Dünn umhüllte Elektroden

werden durch einen Tauchprozeß und teils auch durch eine Preßhülle mit einem dünnen nichtmetallischen Überzug versehen. Die Umhüllungsdicke beträgt im

Höchstfalle 20 % vom Kerndraht. Die Schweißeigenschaften gegenüber der nackten Elektrode werden durch das bessere Halten des Lichtbogens wesentlich verbessert, eine Steigerung der Gütewerte tritt nur in geringem Maße ein. Die Umhüllung hat somit lediglich den Zweck der Lichtbogenstabilisierung. Die wesentlichsten Eigenschaften sind im folgenden kurz zusammengefaßt:

Geringe Wärmezufuhr, dadurch geringe Schrumpfung und Verwerfung,

schnelle Erstarrung des Schweißgutes, dadurch Schweißen dicker Schweißquerschnitte in einer Lage möglich, gute Überbrückungsmöglichkeit von Luftspalten bei schlechter Paßarbeit der Bauteile,

großtropfige Abschmelzung,

geringe Schlackenmenge,

übermäßig hohe Sauerstoff- und Stickstoffaufnahme, daher geringes Dehnvermögen der Schweiße, ungünstig bei Stoß- und Schlagbeanspruchung,

Schweißnaht nicht schmiedbar,

begrenzte Anwendungsmöglichkeit bis etwa 45 kg/mm² Festigkeit.

Dick umhüllte Elektroden

Der Anwendungsbereich der Lichtbogenschweißung wurde erst durch die Entwicklung hochwertiger Elektroden mit aufgebrachter Umhüllungsmasse wesentlich erweitert. Der umhüllten Elektrode war es vorbehalten, die mechanischen Gütewerte der Schweißnaht gegenüber den vorgenannten Elektrodensorten erheblich zu steigern. Dadurch war es nicht nur möglich, die Eigenschaften des Stahles auch im Schweißgut zu erreichen, sondern sie darüber hinaus sogar zu erhöhen. Die Umhüllungsmasse wird durch einen mehrmaligen Tauchprozeß oder meist durch Umpressen aufgebracht. Um Beschädigungen der Umhüllungen zu verhindern, ist unnötiges Werfen der Elektroden beim Transport und bei der Verarbeitung zu vermeiden. Außerdem sind sie vor Feuchtigkeit zu schützen. Zum Einspannen in die Elektrodenzange ist die Umhüllungsmasse an einem Ende auf etwa 30 mm Länge entfernt. Die Länge dünner

Elektroden bis 2,5 mm ∅ beträgt meist 300 mm. Dickere Elektroden werden meist in Längen von 450 und 350 mm hergestellt.

Der Zweck der Umhüllung ist ein mehrfacher.

1. Gute Ionisation der Lichtbogenstrecke, daher ruhiges und gleichmäßiges Abschmelzen der Elektrode.
2. Die sich bildenden Verbrennungsgase wirken teils als Schutzgas, das den Zutritt von Sauerstoff und Stickstoff zum Lichtbogen wesentlich mindert, daher günstige Dehnungs- und Zähigkeitswerte.
3. Die zunächst flüssige Schlacke deckt das Schmelzbad ab und verhindert hier ebenfalls die Sauerstoff- und Stickstoffaufnahme. Die Schlacke schützt die Schweißnaht außerdem vor schneller Abkühlung, Gasblasen und Schlacken können aus der flüssigen Schmelze „aufschwimmen" (porenfreies Schweißgut). Die Schweißung verläuft zu einer glatten, sauberen Naht. Geringere Aufhärtung bei Stählen höherer Festigkeit.
4. Schließlich können der Umhüllung bestimmte Legierungselemente beigegeben werden, um dadurch die gewünschten metallurgischen Eigenschaften zu erzielen. Dies gilt insbesondere für hochlegierte Elektroden.

Wird mit Schweißumspannern gearbeitet, so sind ebenfalls umhüllte Elektroden, wie bereits an anderer Stelle ausgeführt, Voraussetzung für einwandfreie Schweißungen. Außer den Vorteilen, vor allem guter Dehnungs- und Zähigkeitswerte im Schweißgut, ergeben sich jedoch auch schweißtechnische Nachteile. Der Schlackenfluß kann durch die Gefahr des Vorlaufens sehr hinderlich sein, besonders beim Schweißen kleinerer Profile, Ecken und bei Positionsschweißungen (Senkrecht- und Überkopf-Schweißungen). Die größere Wärmezufuhr und der dünnflüssige Schmelzfluß bereiten außerdem bei dieser Elektrodenart an Schweißungen mit größeren Luftspalten (bei schlechter Paßarbeit) gewisse Schwierigkeiten. Diese schweißtechnischen Nachteile der starken Umhüllung, die mehr als 40 % des Kerndrahtes beträgt, führten zwangsläufig durch wesentliche Herabsetzung des Umhüllungsdurchmessers zur mitteldick umhüllten Elektrode.

Mitteldick umhüllte Elektrode

Die Umhüllungsdicke beträgt 20—40 % des Kerndrahtes. Bei Verwendung gleicher oder ähnlicher Umhüllungsmassen wie bei dem vorherigen Typ ergibt sich auch hier bei feintropfiger Abschmelzung ein dünnflüssiges Schmelzbad. Die Schlackenbehinderung ist jedoch wesentlich geringer. Große Bedeutung erlangte die mitteldick umhüllte Elektrode kurz vor Beginn des letzten Krieges durch die Entwicklung eines neuen Typs, die bei mitteltropfiger Abschmelzung durch ein strengflüssiges, schnell erstarrendes Schmelz- und Schlackenbad gekennzeichnet ist. Im Gegensatz zu den dick umhüllten Elektroden — „heißgehend" — werden diese als „kaltgehend" bezeichnet.

Durch die wesentlichen Vorzüge in der Verschweißbarkeit dieser Elektrode und nicht zuletzt durch die geringere Schlackenbildung wird der Schlackenvorlauf fast vollkommen vermieden. Dadurch sind die besonderen Vorteile bei Verwendung dieses Typs in schwer zugänglichen Konstruktionen und bei Positionsschweißungen gekennzeichnet.

Diese charakteristischen Schweißeigenschaften werden durch andere Zusammensetzung der Umhüllungsmasse, Zusatz von Titandioxyd, erreicht. Die hohen mechanischen Gütewerte der dick umhüllten Elektroden werden

Elektrodensorte	Festigkeit kg/mm²	Dehnung % L = 5 d	Kerbschlagzähigkeit mkg/cm²
dünn umhüllt	35—45	10—12	2—3
Seelen	40—60	12—20	3—6
Es-Typ, dick umhüllt..	45—55	25—30	8—12
Ti-Typ, mitteldick umhüllt	52—56	22—28	8—10
Ti-Typ, dick umhüllt .	48—54	25—32	10—13
Kb-Typ, dick umhüllt.	~50	~30	~18
Austenit (18/8/6)	62—72	35—45	13—16

Bild 22: Mechanische Gütewerte verschiedener Elektrodenarten

jedoch nicht ganz erreicht. In Bild 22 sind die Gütewerte der einzelnen Elektrodenarten angeführt.

Bei der mitteldick umhüllten Elektrode hat man mit bestem Erfolg erreicht, die jeweils bestehenden Vorteile des dünn und des dick umhüllten Elektrodentyps unter Vermeidung der nachteiligen Eigenschaften zu vereinigen. Zusammenfassend kann man zum Ausdruck bringen: Die mitteldick umhüllte Elektrode auf Titandioxyd-Basis vereinigt annähernd die hohen mechanischen Güteeigenschaften der dick umhüllten Elektrode mit den guten schweißtechnischen Eigenschaften der dünn umhüllten.

Einteilung nach dem Umhüllungstyp

Mit Absicht wurde, der geschichtlichen Entwicklung und dem besseren Verständnis Rechnung tragend, die dick umhüllte der mitteldick umhüllten Elektrode vorangestellt. Weiterhin diene dem besseren Verständnis der Hinweis, daß die Unterteilung der umhüllten Elektroden in „dick" und „mitteldick" der Entwicklung der letzten Jahre nicht mehr gerecht wird. Die Eigenschaften der Elektroden, sowohl die der schweißtechnischen wie auch der mechanischen Gütekomponenten, werden weniger von der Umhüllungsdicke als vielmehr überwiegend von der Art der Umhüllung beeinflußt. Von dieser Tatsache ausgehend, ist eine Unterscheidung nach der Art des Schmelzbades den charakteristischen Eigenschaften der Elektrode dienlicher. Man unterteilt alsdann in „heißgehende" und „kaltgehende" Elektroden. Heißgehende Elektroden ergeben ein dünnflüssiges Schmelzbad. Wenig geeignet sind sie für Zwangslagenschweißungen und für die Überbrückung größerer Luftspalte; hierfür sind kaltgehende Elektroden zu bevorzugen, deren kennzeichnende Eigenschaften zäherer Schmelzfluß und langsamere Abschmelzung sind.

Diese Eigenschaften werden vom Umhüllungstyp beeinflußt, zu dessen drei Hauptbasen der „erzsaure", der „titandioxyd" und der „kalkbasische" Typ zählen. Die erzsaure Basis ist der typische Vertreter der heißgehenden Elektrode und ist fast stets dick umhüllt. Die Elektroden der Titanoxyd-Basis sind kaltgehende und vorwiegend mitteldick. In den letzten Jahren ist dieser Typ in steigendem Maße auch in dick umhüllter Ausführung gebräuchlich. Durch diese Tendenz in der Elektrodenentwicklung ist die bis vor einigen Jahren übliche Unterscheidung in dick und mitteldick umhüllt nicht mehr vertretbar, da dadurch eine Abgrenzung der kennzeichnenden Eigenschaften der einzelnen Elektrodensorten nicht mehr gegeben ist.

Diese beiden genannten Typen stellen etwa zu gleichen Teilen den Hauptanteil an der deutschen Gesamterzeugung dar. Trotzdem bedarf der dritte Umhüllungstyp, der kalkbasische, auf Grund seiner Vorrangstellung allen anderen Elektrodentypen gegenüber, besonderer Erwähnung. Diese besonderen Vorzüge lassen sich zusammenfassen in: höchste mechanische Gütewerte des Schweißgutes, erhöhte Trennbruchsicherheit in Schweißverbindungen, im besonderen auch an höhergekohlten Stählen (bis St 70), gute Zwangslagenverschweißbarkeit Die seinerzeitige Entwicklung der dick umhüllten Elektrode verdankte ihre Vorrangstellung gegenüber der dünn umhüllten den besseren Güteeigenschaften durch wesentlich geringere Sauerstoff- und Stickstoff-Aufnahme des Schweißgutes. Auch die kalkbasische Elektrode verdankt ihre hervorragenden Güteeigenschaften der besonderen Reinheit des niedergeschmolzenen Elektrodenwerkstoffes. Das Schweißgut zeichnet sich nämlich durch außerordentlich niedrige Anteile an Sauerstoff, Stickstoff und vor allem auch an Wasserstoff aus (daher auch die Bezeichnung „wasserstoffarme" Elektrode). Hochwertiges, besonders rißfestes Schweißgut sind die kennzeichnenden Eigenschaften, s. Bild 22. Der Werkstoffübergang ist mitteltropfig, die Elektroden sind nicht stromüberlastbar und sind kaltgehend. In einigen Ländern, vor allem in Schweden, hat dieser Umhüllungstyp alle anderen bereits überflügelt. Sie wird auch in Deutschland mehr und mehr an Bedeutung gewinnen.

Die Behandlung der verschiedenen Elektrodensorten wäre nicht vollständig, wenn nicht einiges über ihre hauptsächlichsten Anwendungsgebiete gesagt würde.

Es-Typ, erzsauer (Eisenoxyde), dick umhüllt. Verwendung vornehmlich bei dicken Stahlwerkstoffen, bei hohen Schweißgeschwindigkeiten (Akkordarbeiten), ergibt tiefen Einbrand, hohe mechanische Gütewerte, röntgensichere Nähte, in kritischen Fällen jedoch rißempfindlich. Angewendet vorwiegend für Waagerechtschweißungen im Kessel-, Behälter-, Stahl- und Brückenbau.

Ti-Typ, Titandioxyd (Rutile), meist mitteldick umhüllt. Gute Zwangslagenverschweißbarkeit und Luftspaltüberbrückung, nicht stromüberlastbar, mäßige Schweißgeschwindigkeit, keine röntgensicheren Nähte (Porenbildung). Unentbehrlich im Schiffbau und Fahrzeugbau sowie bei leichteren Konstruktionsarbeiten allgemeiner Art.

Kb-Typ, kalkbasisch (Kalkspate). In den Schweißeigenschaften dem Ti-Typ verwandt, in den Gütewerten diesem jedoch weit überlegen. Schweißgut neigt nicht zu Warm- und Kaltrissigkeit. Anwendungsgebiet sind Stähle höherer Festigkeit sowie mit höherem C-Gehalt, geeignet für starre Konstruktionen mit mehrachsigem Spannungszustand, ebenso für Stähle mit höheren Verunreinigungsgraden an Schwefel, Phosphor und Stickstoff (z. B. normale Thomasstähle). Auch das Vorschweißen der ersten (oftmals rißgefährdeten) Schweißlage mit Kb-Elektroden und Fertigschweißen mit anderen Typen ist gebräuchlich.

Sondertypen

Abgesehen von der bereits geschilderten großen Zahl an Elektrodentypen und ihrer Varianten sind außerdem für besondere schweißtechnische Zwecke zahlreiche Sondertypen geschaffen worden. Die Bedeutung darf jedoch nicht überschätzt werden. Der Zellulosetyp (Ze-Elektrode) besitzt in der Umhüllung vorwiegend organische, verbrennbare Bestandteile, daher starke Gasentwicklung (Rauchbelästigung des Schweißers) und geringe Schlackenbildung. Weitere Merkmale sind: mitteldick umhüllt, mitteltropfige Abschmelzung, nicht stromüberlastbar, schnell erstarrendes Schmelzbad. Die Elektrode ist zum Schweißen in allen Positionen gut geeignet und besitzt vorzügliche Spaltenüberbrückbarkeit. Trotz mancher Vorteile — Anwendungsgebiete im Behälter- und Rohrleitungsbau (Ölleitungen!) — wird diese Elektrode nur wenig verwendet.

Die Kontakt- oder Berührungselektrode enthält wesentliche Mengen Eisenpulver in der Umhüllung, so daß bereits bei Berührung der leitenden Elektrodenhülle mit dem Werkstück der Schweißprozeß eingeleitet und auch unter ständiger Berührung fortgeführt wird (schleppendes Schweißen). Besondere Vorteile bieten die Kontaktelektroden bei fallenden Schweißungen (Senkrechtschweißungen von oben nach unten), die durch ihr glattes Oberflächenaussehen bestechen.

Bei den Ausbringungselektroden wird die Erhöhung der Ausbringung ebenfalls durch Verwendung metallischer Komponenten in der Umhüllung erreicht. Diese erhöhte Ausbringung kann bis zu 200 % des Kerndrahtes betragen.

Mit der Tiefeinbrandelektrode lassen sich Werkstoffdicken bis etwa 15 mm als Stumpfstoß ohne Kantenabschrägung verschweißen, sofern die Schweißung beiderseits ausgeführt wird. Beachtliche wirtschaftliche Vorteile sind bei geeigneten Anwendungsmöglichkeiten gegeben (Einsparung an Naht-Vorbereitung und Zusatzwerkstoff). Die Möglichkeit wurzelseitiger Nachschweißung ohne Auskreuzen, Ausfugen oder dgl. bedarf besonderer Erwähnung. Zur Vermeidung von Rückschlägen ist eine gewisse Arbeitstechnik und besondere Erfahrung zu beachten.

Schließlich wurden für das elektrische Schneiden von Werkstoffen besondere „heißgehende" Schneidelektroden, zum Anwärmen und Richten Wärmeelektroden, außerdem Unterwasser-Schweiß- und Schneidelektroden entwickelt.

B. Normung der Elektroden

Die frühere Norm — DIN 1913 — unterteilte die Schweißzusatzwerkstoffe lediglich in: anzuwendende Schweißverfahren, Festigkeitsgruppen und Angaben über evtl. Zähigkeitseigenschaften; Beispiele: E 37, E 52 z. Der Buchstabe „E" bedeutet Zusatzwerkstoff für die Elektroschweißung (G = Gasschweißung), die Zahl „52" gibt die Festigkeitsgruppe des Stahles an und ein zusätzliches „z" weist auf besondere Zähigkeitseigenschaften des Schweißgutes hin. Über die stoffliche

Kennzeichnung (Umhüllungstyp), die Schweißeigenschaften und die Anwendbarkeit der Elektroden gab diese Norm keinen Aufschluß.

Diese Nachteile wurden in einem Entwurf vom September 1950 — Einteilung in Kurzbezeichnungen, Sortenziffern usw. — beseitigt. Einer Ausarbeitung des „Internationalen Schweißinstitutes" folgend, wurde im Oktober 1953 abermals ein neuer Entwurf herausgegeben, der eine übereinstimmende Elektrodenkennzeichnung der maßgebenden Industrieländer Europas vorsieht. Trotz der besonderen Wichtigkeit für die interessierten Kreise kann hier nur kurz darauf eingegangen werden. Die Kennzeichnung gliedert sich in drei Teile, die durch zwei Schrägstriche gegeneinander abgegrenzt sind. Ein Beispiel diene zur Erläuterung:

Ti VI m / 322 / 12

Der erste Teil gibt die deutsche Kurzbezeichnung wieder, die gleichzeitig eine Klassifizierung darstellt und somit dem Verbraucher eindeutige Angaben über die Verwendbarkeit einer Elektrode macht. Die Typ-Kurzzeichen, zwei Buchstaben, unterteilen sich:

0 = Nackte Elektroden,
00 = Seelen-Elektroden,
Es = Erzsaurer Typ,
Kb = Kalkbasischer Typ,
Ze = Zellulose-Typ,
Ox = Oxydierender Typ (stark erzsauer),
Ti = Titanoxyd-Typ,
So = Sondertyp.

Die weitere Einteilung der Elektroden in 13 Klassen (I bis XIII) gibt Aufschluß über die Stahlsorte und gleichzeitig über die Mindestgütewerte in der Schweißverbindung. Schließlich wird die Hüllendicke der Mantelelektroden durch einen kleinen Buchstaben gekennzeichnet: d = dünn, m = mittelstark und s = stark umhüllte Elektrode. Die dreistellige Zahl zwischen den beiden Schrägstrichen gibt Aufschluß über die mechanischen Gütewerte des reinen Schweißgutes. Den Ziffern können in ihrer Reihenfolge Angaben über Festigkeit, Bruchdehnung und Kerbschlagzähigkeit entnommen werden.

Durch die letzte, zweistellige Zahl werden endlich die Schweißposition und die Stromkreis-Charakteristik (Stromart und Polung) gekennzeichnet.

Sämtliche Zahlenangaben dieser Norm-Kennzeichnungen bedürfen einer Aufschlüsselung, die aus entsprechenden Tabellen der DIN 1913 entnommen werden können.

Dem mit dieser Normung Vertrauten gibt sie restlosen Aufschluß bezüglich der Beurteilung und Qualität einer Elektrode. Darin liegt der enorme Vorteil dieser Normung, besonders im Hinblick auf die oftmals irreführenden Sonderbezeichnungen verschiedener Elektrodenangebote.

Die DIN 1913 gilt jedoch nicht für legierte Stahlelektroden und Elektroden für Auftragschweißungen. Hierfür sind weitere Normblätter in Vorbereitung.

C. Legierte Stahlelektroden

Die Güte einer Schweißverbindung ist gekennzeichnet durch annähernd gleiche Eigenschaften des Grundwerkstoffes und der Schweiße. Das bedingt u. a. gleiche oder zumindest ähnliche chemische Zusammensetzung von Grund- und Zusatzwerkstoff. Der meist größere Abbrand der Legierungselemente im Lichtbogen wird durch zusätzliches Auflegieren der Elektrode ausgeglichen. Für die Verbindungsschweißung legierter Stähle kommen nur umhüllte Elektroden zur Anwendung. Nackte, dünn umhüllte und Seelenelektroden können — abgesehen von Auftragschweißungen — nur bei niedriglegierten Stählen verarbeitet werden. Beim Schweißen legierter Stähle werden die besonderen Eigenschaften, wie hohe Festigkeit, Warmfestigkeit, Korrosionsbeständigkeit usw., nicht allein durch Legierungszusätze erzielt, sondern auch wesentlich durch die Wärmebehandlung beeinflußt. Besondere Maßnahmen beim Schweißen und nachträgliche Glühbehandlungen sind daher von Fall zu Fall zu beachten. Hierüber und über das Verhalten der legierten Stähle beim Schweißen ist im Abschnitt „Stahlschweißung" S. 100 Weiteres ausgeführt. Je nach Legierungsart können die Schweißeigenschaften legierter Elektroden sehr verschieden sein. Die Verschweißung mit Wechselstrom ist nicht immer möglich, bei Gleichstrom wird meist mit plusgepolter Elektrode gearbeitet. Die besonderen Hinweise der Elektrodenhersteller sind zu beachten.

Besonders erwähnt seien noch die sogenannten austenitischen Elektroden. Sie werden angewendet für gleichgeartete Werkstoffe mit hohen Legierungsanteilen an Nickel, Mangan und Chrom. Stähle dieser Art können je nach Zusammensetzung rost-, korrosions- oder zunderbeständig sein, bekannte Sorten sind die V 2 A-, V 4 A- und N C T - Stähle. Die hierfür zu verwendenden Elektroden sind mitteldick umhüllt (meist kalkbasisch), haben großtropfige Abschmelzung, der Schmelzfluß ist strengflüssig (zähfließendes Schweiß- und Schlackenbad). Die Elektroden sind nicht stromüberlastbar. Ein weiteres Anwendungsgebiet dieser Austenit-Elektroden (18/8/6-Elektrode) ist die Verschweißung schweißempfindlicher Werkstoffe. Hohe Schweißnahtfestigkeit bei sehr hohen Zähigkeitswerten, s. hierzu Tabelle 22, macht diese Elektrode für Stähle dieser Art besonders geeignet (rißfeste Schweißungen).

D. Elektroden für Auftragschweißung

Bei der Auftragschweißung sollen bestimmte Härte- und Verschleißeigenschaften erreicht werden. Die Bezeichnung der Elektrode läßt die erreichbare Brinellhärte erkennen (Ea 150 bis Ea 500). Bei größerer Härte ist Bearbeitung nur mittels Schleifen möglich. Der Hauptlegierungsbestandteil ist Kohlenstoff, in geringen Mengen erfolgen auch andere Zusätze, vor allem Chrom und Mangan. Die Elektroden werden nackt oder umhüllt hergestellt. Bei Gleichstrom erfolgt die Verschweißung am Pluspol.

Auch für höherlegierte Stähle findet die Auftragschweißung Anwendung, z. B. zum Ausbessern von Schnellstahlwerkzeugen. Die Zusammensetzung der umhüllten Elektrode entspricht dann dem Grundwerkstoff, s. auch Abschnitt „Auftragschweißung" S. 112.

E. Sonderelektroden

Gußeisenelektroden. Bei der Warmschweißung von Gußeisen gelangen Schweißstäbe gleicher Zusammensetzung zur Anwendung, die zweckmäßig mit einer dünnen Umhüllung versehen sind. Bei der Kaltschweißung werden entweder weiche, dünn umhüllte Stahlelektroden oder nickel- und kupferlegierte Monelelektroden oder auch Elektroden aus Reinnickel benutzt. Die Verschweißung dieser Elektroden erfolgt am Pluspol.

Leichtmetall-Elektroden. Sie sind stets dem Legierungstyp des zu schweißenden Werkstoffes anzupassen. Die Umhüllung der Leichtmetall-Elektroden ist hygroskopisch, d. h. wasseranziehend. Sie sind daher besonders vor Feuchtigkeit zu schützen. Bei der Verschweißung wird der Stab mit kurzem Lichtbogen fast senkrecht zur Naht gehalten, die Schweißstromstärke ist gering.

Kupferelektroden sind mitteldick umhüllt, jedoch wenig gebräuchlich (Labiler Lichtbogen). Elektroden für die Verschweißung von Bronze werden sowohl dünn umhüllt wie in mitteldicker Umhüllung hergestellt.

Die Verschweißung der Elektroden für Nichteisenmetalle erfolgt bei Gleichstrom stets am Pluspol.

VIII. KONSTRUKTIONSELEMENTE

A. Verbindungsformen der Schweißnähte

Die Einteilung der Nahtformen erfolgt nach DIN Entwurf E 1911 nach drei Gesichtspunkten:

1. Einteilung nach dem Querschnitt.
2. Einteilung nach der Form der Oberfläche.
3. Einteilung nach Zusammenhang und Lage.

Bei der Einteilung nach dem Querschnitt unterscheidet man beim Schmelzschweißen zwischen folgenden Nahtformen, s. Bild 23.

1. Stoßnaht, Verbindung von stumpf aneinanderstoßenden Stücken.
2. Kehlnaht, Verbindung von rechtwinklig aufeinanderstehenden Stücken.
3. Eck- und Dreiblechnähte, Verbindung der Endflächen von rechtwinklig zueinander stehenden Stücken.

4. $^1/_2$-V und K-Nähte, Verbindung wie unter 2, jedoch mit eigens vorbereiteter Endfläche eines der beiden Bleche.
5. Loch- und Schlitznähte, Verbindung von zwei aufeinanderliegenden Stücken durch Zuschweißen von Löchern oder Schlitzen des einen Bleches.

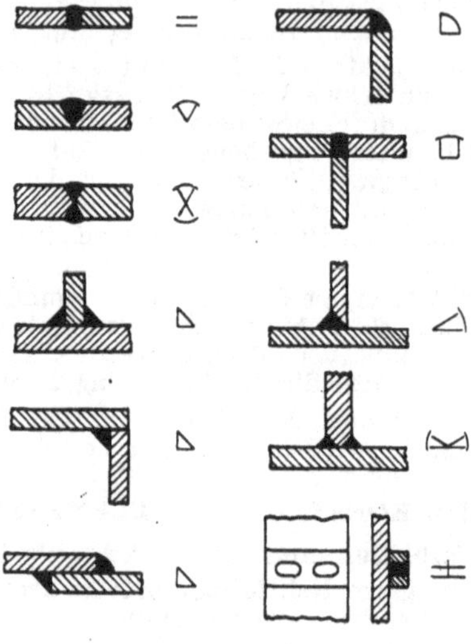

Bild 23: Nahtformen für Schmelzschweißung

Bei der Einteilung nach der Form der Oberfläche unterscheidet man zwischen flacher Naht, flacher Verlauf der Schweißnahtoberfläche, überwölbter Naht, Oberfläche der Naht nach außen gewölbt, und Hohlnaht, Oberfläche der Naht nach innen gewölbt (Kehlnähte). Die Art der Ausführung ist durch Schweißzeichen gekennzeichnet und sollte möglichst aus den Konstruktionszeichnungen ersichtlich sein. Ist bei Stoßnähten keine besondere Oberflächenbeschaffenheit vorgesehen, so ist eine geringe Überwölbung der Schweißnaht üblich.

Bei Kehlnähten ist im allgemeinen eine flache Naht anzustreben, jedoch bei schwingungsbeanspruchten Bauteilen ergeben sich bei einer Hohlnaht bessere Festigkeitsverhältnisse.

Bei der Einteilung nach Zusammenhang und Lage wird zwischen durchlaufenden und unterbrochenen Schweißnähten unterschieden. Bei wenig beanspruchten Schweißungen, z. B. Kehlnahtverbindungen bei Plattenversteifungen u. dgl., wird häufig die unterbrochene Schweißnaht entweder als sogenannte Ketten- oder als Zick-Zack-Schweißnaht angewendet. Bei der Kettennaht werden die Schweißstellen beiderseits gegenüberliegend und bei der anderen Ausführung beiderseits zickzackförmig gegeneinander versetzt angeordnet. Unterbrochene Schweißungen sind ungünstig bei Schwingungsbeanspruchungen, erfordern außerdem bei gleichem Schweißquerschnitt größere Schweißgutmengen, Gründe, die für den verstärkten Einsatz der durchlaufenden Schweißung sprechen, obwohl u. U. mit größeren Verwerfungen zu rechnen ist.

Die Ausführung des Stumpfstoßes kann als I-Stoß, V-Stoß, X-Stoß oder U-Stoß vorgesehen werden und richtet sich nach der zu verschweißenden Blechdicke, s. Bild 24. Abgesehen vom I-Stoß, bei dem keine Kantenvorbereitung der Bleche erforderlich ist, beträgt der Fugen- oder Öffnungswinkel 60°. Der X-Stoß bietet bei entsprechender Materialdicke gegenüber der V-Naht Vorteile, da Schrumpfung, Verzug und eingeschmolzene Schweißgutmenge günstiger werden. Bei nur einseitiger Zugänglichkeit der Schweißnaht verwendet man die Kelch- oder Tulpennaht (U-Naht). Diese Nahtform benötigt mehr Schweißgut als die X-Naht, aber weniger als die V-Naht. Wichtig ist die Einhaltung einer Fugenbreite der beiden Bleche von etwa 1—3 mm, um gutes Durchschweißen zu ermöglichen. Die im Bild 24 vorgesehenen Steilkanten, auf die häufig vollkommen verzichtet wird, sollen vor allem bei Verwendung dick umhüllter Elektroden das Durchtropfen des Schweißgutes verhindern. Allgemeingültige Angaben für die Ausbildung von Fugenbreite und Steilkante können nicht gemacht werden, da sie von Art und Durchmesser der Elektrode, der verwendeten Schweißstromstärke und der Blechdicke abhängig sind. Die Abschrägung der Blechkanten kann maschinell auf Hobelmaschinen oder mit dem Schneidbrenner erfolgen. Bei der Nahtvorbereitung mittels autogenem Brennschnitt ist auf die Entfernung von Brennzunder und Schlacke zu achten. Maschinelle Nachbearbeitung, z. B. durch Schleifen, ist bei einwandfreiem Brennschnitt (riefenfrei) nicht erforderlich.

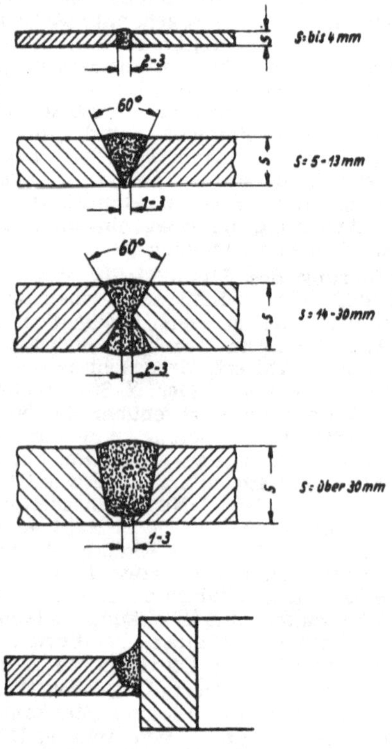

Bild 24: Ausführung von Stoßnähten

Kehlnähte erfordern keine beondere Vorbereitung. Diese sollen gleichschenklig und maßhaltig ausgeführt sein. Als Nahtdicke wird die Höhe des der Naht eingeschriebenen gleichschenkligen Dreiecks angenommen und mit „a" bezeichnet. Bei eventueller Nahtüberhöhung wird die Gesamthöhe der Kehlnaht mit „a'" bezeichnet. Für den rechnerischen Nachweis der Festigkeit wird das Maß „a" zugrunde gelegt, dessen Einhaltung bei Ausführung der Schweißarbeiten zu beachten ist.

B. Schweißzeichen

Über die Ausführungsweise der Schweißungen geben die Zeichnungen Aufschluß. Um eine einheitliche Auffassung zu ermöglichen, sind im DIN-Entwurf E 1912 für jede Nahtform bestimmte Sinnbilder festgelegt, die wichtigsten sind aus den nebenstehenden Zeichen des Bildes 23 zu ersehen. Außer den eigentlichen Sinnbildern geben Zahlen und besondere Zeichen die Ausführung der Schweißnähte an. Im einzelnen ist aus den Sinnbildern die Nahtform, aus den Zahlenangaben Dicke und Länge der Nähte und aus den besonderen Zeichen das Schweißverfahren, Elektrodenwahl u. a. ersichtlich.

C. Kerbwirkungen

Unter Kerben sind plötzliche Querschnittsänderungen zu verstehen. Sie können durch fehlerhafte Schweißungen, wie Einbrandkerben, wulstartige Nahtüberhöhungen oder Bindefehler, hervorgerufen werden. Fehler dieser Art wirken sich störend auf den Kraftfluß aus und

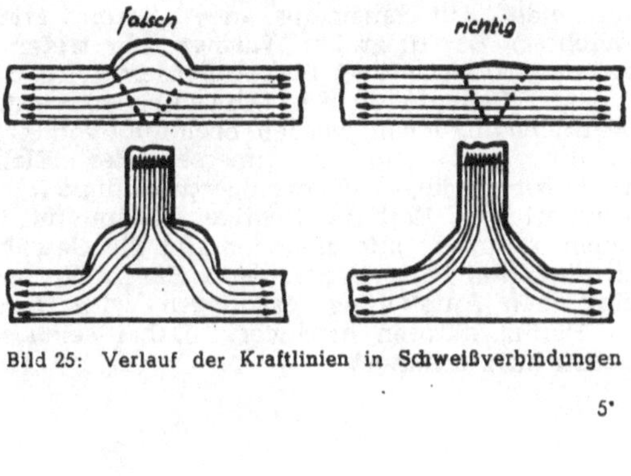

Bild 25: Verlauf der Kraftlinien in Schweißverbindungen

mindern die Festigkeit der Verbindung. Besonders bei Dauerbeanspruchung, wie sie im Fahrzeug-, Maschinen- und Brückenbau vorliegt, kann durch diese Kerbwirkung vorzeitig Riß- und Bruchgefahr eingeleitet werden. In diesen Fällen ist besonders auf die Vermeidung von Kerben zu achten, im besonderen gehören auch die schädlichen Endkrater hierher, die deshalb stets gut zu schließen sind. Bei Kehlnahtverbindungen ist die Gefahr der Kerbwirkung infolge der Form der Verbindung nicht vermeidbar, die durch den nicht verschweißten Luftspalt zwischen Steh- und Grundblech hervorgerufen wird, s. Bild 25. Dadurch erklären sich bei Dauerbeanspruchungen die wesentlich geringeren Festigkeitswerte von Kehlnaht- gegenüber Stumpfnahtverbindungen.

IX. DIE TECHNIK DER LICHTBOGENSCHWEISSUNG

A. Schweißausführung — Elektrodenführung

Die Art der Schmelzschweißung setzt bei der Lichtbogenschweißung eine bestimmte Arbeitstechnik voraus. Es ist nicht möglich, beliebige Schweißnahtquerschnitte in einer Schweißlage herzustellen. Infolge der Schwerkraft hat das flüssige Schweißgut die Neigung, stets nach unten zu laufen. Die Schwierigkeiten sind bei Kehlnahtschweißungen größer als bei Stumpfnahtschweißungen und wachsen bei Senkrecht- und Überkopfschweißungen weiter an. Die Einhaltung bestimmter Wärmebedingungen ist Voraussetzung für einwandfreie Schweißungen. Ist die Wärmezufuhr zu niedrig, so ergibt sich ungenügende Aufschmelzung des Grundwerkstoffes (Bindefehler). Bei zu großer Wärmezufuhr treten Überhitzungen (grobes Gefüge) ein. Außerdem wird die Gefahr des „Weglaufens" des Schweißbades vergrößert. Die Wärmebedingungen werden beeinflußt von Materialquerschnitt, Art und Durchmesser der Elektrode, Schweißstromstärke, Schweißgeschwindigkeit und Schweißposition. Erst die richtige Abstimmung dieser einzelnen Faktoren untereinander gibt die Gewähr einwandfreier und bester Ergebnisse. Sie in Form einer tabellarischen Aufstellung festzulegen, wird durch die vielen Einflußfaktoren erschwert. Dabei seien sie im folgenden kurz erläutert.

Schweißstromstärke

Außer durch den Materialquerschnitt, die Art und den Durchmesser der Elektroden wird die Höhe der Schweißstromstärke durch die Nahtform beeinflußt. Beim Schweißen von Kehlnähten werden infolge größerer Wärmeableitung höhere Stromstärken benötigt als bei Stoßnähten.

Die erste Schweißlage bei V- und X-Nahtverbindungen erfordert je nach Fugenbreite (Luftspalt) geringere Schweißströme als die weiteren Lagen, um das Wegfließen der unteren Werkstückenden zu verhindern. Beim Schweißen von Kehlnähten wählt man dagegen bei der ersten Lage größere Stromstärken, um guten Wurzeleinbrand zu erzielen. Um das umständliche Nachregulieren der Schweißstromstärke bei der Mehrlagenschweißung zu umgehen, schweißen geübte Schweißer häufig mit der gleichen Maschineneinstellung, ein Ausgleich der verschiedenen Wärmebedingungen wird dann durch besondere Elektrodenführung und Änderung der Schweißgeschwindigkeit erreicht. Die Schweißstromstärke wird wesentlich von der Elektrodenart beeinflußt, ungefähre Anhaltspunkte können der Tabelle, Bild 26, entnommen werden. Die entsprechenden Werte für Sonderelektroden können sowohl wesentlich niedriger als auch höher liegen.

Elektrodensorte	Schweißstromstärken bei einem Durchmesser von			
	3,25 mm Amp.	4 mm Amp.	5 mm Amp.	6 mm Amp.
dünn umhüllt . . .	100—120	130—150	160—190	190—230
mitteldick umhüllt	120—140	150—170	180—210	220—260
dick umhüllt . . .	140—160	160—200	200—250	230—300

Bild 26: Schweißstromstärken verschiedener Elektrodenarten

Elektrodenführung

Unter Elektrodenführung versteht man bestimmte Bewegungen der Elektrode wie Pendeln, Schrägzug, Dreieckzug u. a. Die jeweiligen Bewegungen sind sehr verschiedenartig und werden vornehmlich durch die Art der Elektrode und der Schweißposition (waagerecht, senkrecht oder überkopf) bestimmt. Die langsame Abschmelzung und wesentlich geringere Wärmeeinwirkung nackter, dünn umhüllter und Seelenelektroden ergeben ein kleines, schnell erstarrendes Schmelzbad und erfordern im Vergleich zu ummantelten Elektroden eine bedeutend langsamere Elektrodenführung beim Pendeln usw.

Die Länge des Lichtbogens, etwa 2—4 mm lang, soll kurz und gleichmäßig gehalten werden. Rührbewegungen, die bei der Autogenschweißung üblich sind, sind zu vermeiden. In Bild 27 sind einige fehlerhaft und richtig geschweißte Nähte gegenübergestellt. Lediglich bei nackten und Seelenelektroden sind zusätzliche Tupf- bzw. Streichbewegungen zur Erzielung besserer Bindung

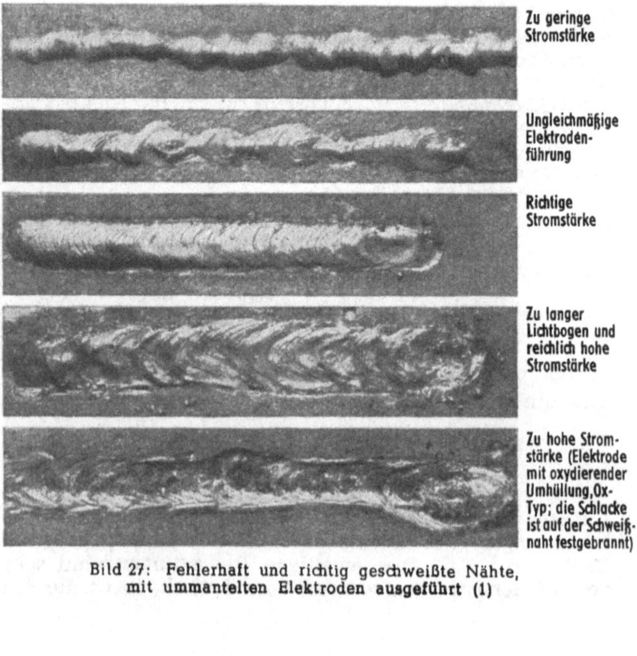

Bild 27: Fehlerhaft und richtig geschweißte Nähte, mit ummantelten Elektroden ausgeführt (1)

und Vermeidung von Schlackeneinschlüssen gebräuchlich. Breitere Schweißlagen werden mit einer Pendelbewegung nach Bild 28 a ausgeführt.

Zur Erzielung kerbfreier Übergänge zwischen Schweißnaht und Werkstoff, z. B. beim Aufbau in mehreren Lagen bei Stoßnähten, wird kurzes Verweilen an den Umkehrpunkten empfohlen, Bild 28 b. Eine Pendel-

Bild 28: Pendelbewegungen bei waagerechter Schweißlage

bewegung nach Bild 28 c führt bei Mantelelektroden zu unerwünschten Überhitzungen und vergrößert die Gefahr des Schlackenvorlaufs, bei blanken und Seelenelektroden sind diese Bewegungen teilweise üblich.

Beim Schweißen von Kehlnähten ist auf gleichmäßige Aufschmelzung (Einbrand!) des waagerechten wie auch des stehenden Bleches zu achten. Der Seitenwinkel der Elektrode soll etwa 45° betragen, bei ungleichen Werkstückdicken ist die Elektrode mehr auf das dickere Blech zu richten.

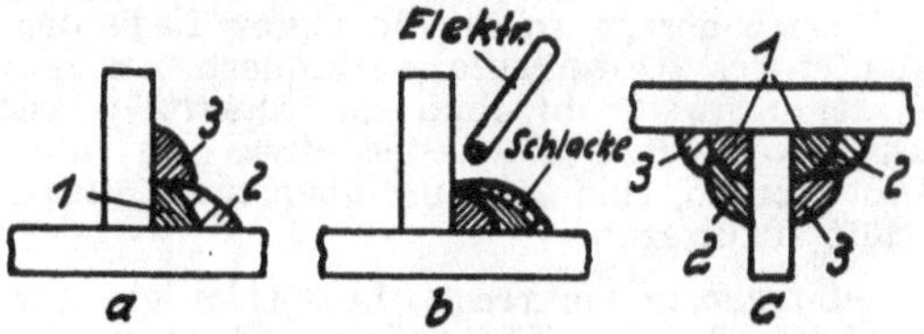

Bild 29: Mehrlagenschweißung bei Kehlnähten, a und b waagerecht, c überkopf

Mehrlagenschweißungen bei Kehlnähten, die mit einer Pendelbewegung der Elektrode nach Bild 28 ausgeführt werden, ergeben keine einwandfreien Schweißnähte. Durch zu große örtliche Wärmezufuhr neigt das flüssige Schweißgut zum Herunterlaufen und ergibt ungleichmäßigen Nahtquerschnitt, wie im Bild 38 f dargestellt. Solche Schweißungen werden bei Verwendung von

Mantelelektroden zweckmäßigerweise in einzelnen Raupen von unten beginnend aufgebaut, s. Bild 29 a. Die Schlacke ist jeweils vor dem Schweißen weiterer Raupen zu entfernen. Geübte Schweißer belassen jedoch häufig beim Aufbau in Raupen die Schlackenschicht der vorangegangenen Naht, Bild 29 b, um nach Fertigstellung der gesamten Raupenlage die Schlacke insgesamt zu entfernen. Außer Zeitgewinn lassen sich so Nähte mit besonders glattem Nahtaussehen erzielen. Mehrlagenschweißungen mit blanken, dünn umhüllten und Seelenelektroden werden mit einer besonderen Elektrodenführung nach Bild 30 a oder 30 b ausgeführt.

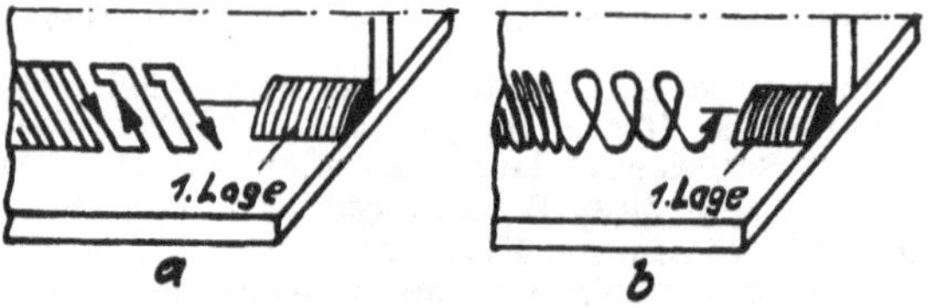

Bild 30: Elektrodenführung (Schrägzug) bei mehrlagigen Kehlnähten

Bei diesem Schrägzug wird durch die Vergrößerung des Schmelzbades in schräg geneigter Lage das Herunterlaufen des Schweißgutes verhindert. An der Oberkante der Schweißnaht muß die Elektrode entweder seitlich bewegt, Bild 30 a, oder etwas verhalten verschweißt werden, Bild 30 b, um oben mehr Elektrodenwerkstoff anzutragen.

Schweißungen in senkrechter Lage erfordern geringere Stromstärken. Bei der Einlagenschweißung wird im sogenannten „Dreieckszug" geschweißt, Bild 31 a. Auf gute Wurzelbindung ist zu achten. Das Schmelzbad muß deshalb Schräglage haben (in der Wurzel höher liegen als vorne), und die Elektrode muß bei gleichzeitig längerem Verweilen gut in die Wurzel geführt werden. Es empfiehlt sich für den Anfänger, die Bewegung unter Zählen 1—2—3—4—1—2— usf. auszuführen, bei 3 und 4 verweilt die Elektrode in der Wurzel. Bei Ausführung in mehreren Lagen lassen sich glattere Nähte erzielen.

Die erste Lage wird vorgelegt (guter Wurzeleinbrand!) und die nachfolgenden gependelt, Bild 31 b, an den Seiten etwas länger verweilen, dadurch sind Nahtquerschnitte ohne Überhöhung erreichbar. Die Stromstärke beim Schweißen der Decklagen ist geringer als die der Wurzellage. Die größere Wärmezufuhr der Mantelelektroden erfordert gegenüber blanken und Seelenelektro-

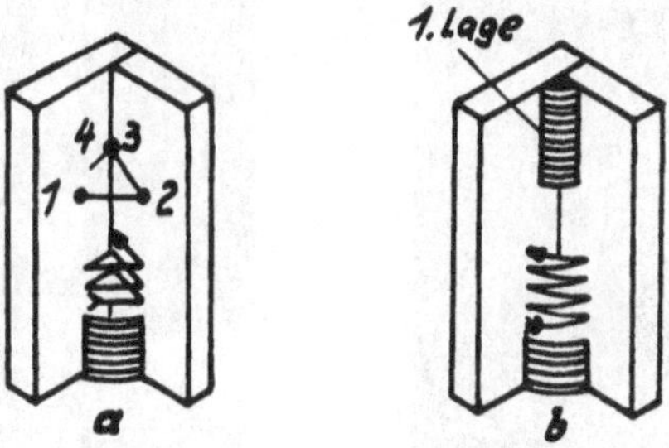

Bild 30: Elektrodenführung (Schrägzug)
a Dreieckszug, b Pendelbewegung

den eine schnellere Bewegungsführung der Elektrode. Eine Senkrechtschweißung mit Mantelelektroden in drei Lagen zeigt Bild 32.

Im Gegensatz zu der steigenden — von unten nach oben ausgeführten — Schweißung wird bei der fallenden Schweißung abwärts geschweißt. Die leichtere Handhabung und die erzielbaren glatten Nähte, siehe Bild 33, verleiten häufig zu dieser nicht immer zweckmäßigen Schweißausführung. Hohe Schweißstromstärke und schnelle Schweißgeschwindigkeit sind für diese Arbeitsweise Vorbedingung. Große Gefahr liegt im ungenügenden Wurzeleinbrand und in den dünnen Nahtquerschnitten, die zum Aufreißen der Schweißnähte führen können. Das Verschweißen von Materialdicken über 6 mm ist daher auf diese Weise nicht zu empfehlen.

Die meist gefürchtete Überkopfschweißung bereitet bei richtiger Wahl der Schweißbedingungen weniger Schwierigkeiten, als allgemein angenommen wird. Die

Schweißstromstärke liegt üblicherweise zwischen der der Waagerecht- und der Senkrechtschweißung. Das Schweißen in einzelnen Raupen ist am leichtesten und gebräuchlichsten. Die Gefahr des heruntertropfenden und herunterhängenden Schweißgutes muß durch Ab-

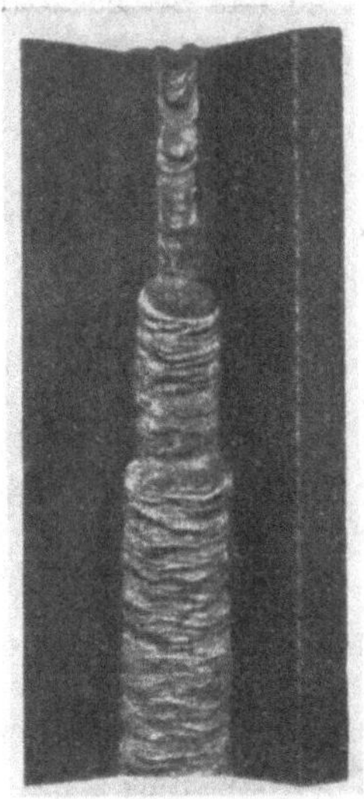

Bild 32: Senkrechtschweißung mit Mantelelektroden Es-Typ, in drei Lagen

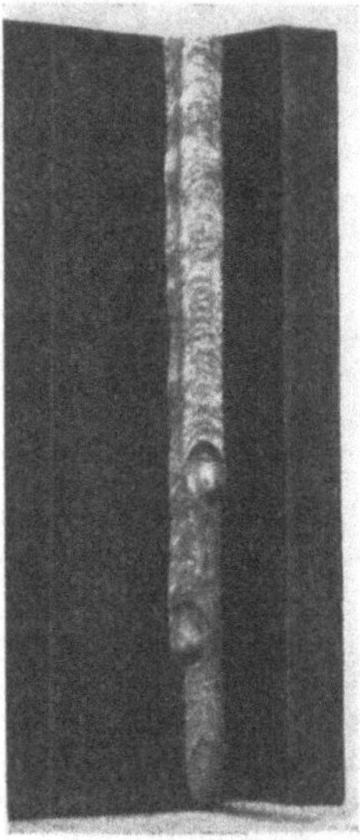

Bild 33: Fallende Senkrechtschweißung in drei Lagen

stimmung von Stromstärke und Schweißgeschwindigkeit vermieden werden. Die einzelnen Raupen sind in dünnen Querschnitten zu legen, um so das „Durchhängen" mit Sicherheit zu vermeiden, s. hierzu Bild 34.

Mehrlagenschweißungen werden ebenfalls in einzelnen Raupen von unten beginnend nach oben aufgebaut, siehe Bild 29 c linke Seite. Bei blanken und getauchten Elektroden wird zweckmäßig bei der zweiten Raupe oben begonnen, das Aussehen der Naht wird dadurch glatter und gleichmäßiger. Die Ausführung von Mehrlagenschweißungen im Schrägzug ist ebenfalls möglich, sie erfordert jedoch sehr große Übung und Handfertigkeit des Schweißers.

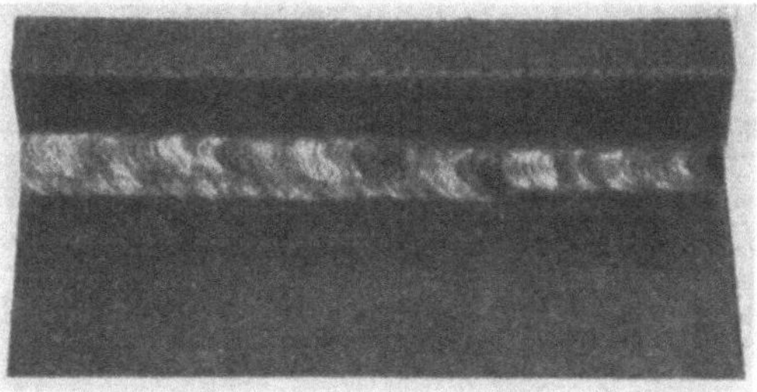

Bild 34: Kehlnaht überkopf in drei Lagen geschweißt, Mantelelektroden Ti-Typ

Bei der Behandlung der Elektrodenführung konnten nur die wesentlichsten Gesichtspunkte dargelegt werden. In der Praxis sind viele weitere Schweißbewegungen und Abwandlungen je nach Eigenart des Schweißers, der Elektrode usw., gebräuchlich.

B. Ursachen und Vermeidung von Schweißfehlern

Die Art der Schweißfehler ist je nach Schweißverfahren verschieden. Aus Platzgründen können hier nur die wichtigsten Fehler bei der Lichtbogenschweißung behandelt werden. Von äußeren feststellbaren Fehlern einer Schweißnaht, wie Maßabweichung des Nahtquerschnittes und Aussehen der Nahtform, abgesehen, können im Innern einer Schweißung folgende Fehler auftreten: Poren, Schlackeneinschlüsse, Bindefehler und Risse.

Bei schneller Erstarrung des Schweißgutes haben die sich bildenden Gase nicht genügend Zeit, aus dem Schmelzbad an die Nahtoberfläche auszutreten, und führen zu Porenbildung. Mantelelektroden ergeben in der Regel porenfreies Schweißgut, während nackte und dünn umhüllte Elektroden meist leicht mit Poren durchsetzte Schweißungen ergeben. Porenartige Einschlüsse, die bei den letztgenannten Elektroden durch Schweißen mit hoher Schweißstromstärke oder zu langen Lichtbogen hervorgerufen werden, sind wegen der zusätzlichen Oxydeinschlüsse besonders schädlich.

Schlackeneinschlüsse treten meist beim Schweißen mit Mantelelektroden auf. Besonders beim Legen der Wurzellage — die erste Lage einer Schweißnaht — neigt die dünnflüssige Schlacke zum Vorlaufen. Beim Überschweißen werden diese Fehlstellen nicht restlos aufgeschmolzen, so daß Schlackeneinschlüsse in der Naht verbleiben. Beim Schweißen mit geringer Stromstärke vergrößert sich die Gefahr solcher Fehlstellen. Bild 35 zeigt Querschliffe einer Schweißung mit doppelter Schlackenzeile und Bild 36 das dazugehörige Röntgenbild. Die Ursachen von Bindefehlern können auf mangelhafte Nahtvorbereitung, ungenügenden Wurzelabstand bei Stoßnähten, zu geringe Schweißstromstärken und falsche Elektrodenführung zurückzuführen sein. Die Festigkeit wird nicht allein durch den ungenügend verschweißten Materialquerschnitt, sondern vor allem durch die hierbei auftretende Kerbwirkung (Ablenkung der Kraftlinien) wesentlich herabgesetzt. Einen gefährlichen Wurzelbindefehler, hervorgerufen durch ungenügende Ausarbeitung der rückseitigen Wurzelnaht, zeigt Bild 37.

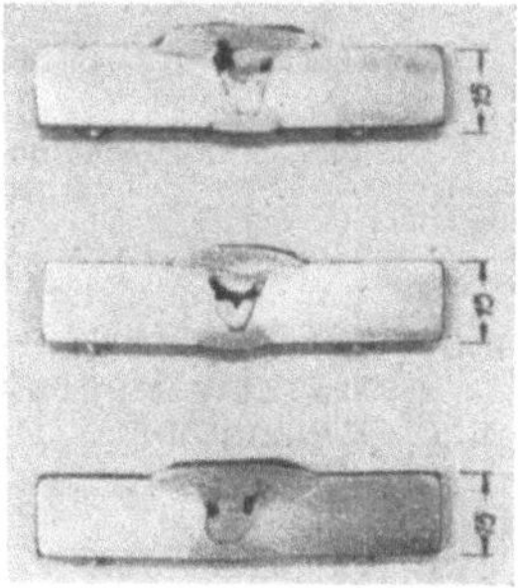

Bild 35:
Querschliffe einer V-Naht mit doppelter Schlackenzeile

Bei Kehlnähten liegen beim Schweißen der ersten Lage ähnliche Verhältnisse vor. Falsche Schweißweise und ungenügende Schweißstromstärke führen zu mangelhafter Wurzelverschweißung, die vor allem bei stärkeren Materialquerschnitten Anlaß zu Rißbildungen geben können. Bei Kehlnähten ist außerdem auf die

Form der Nahtoberfläche zu achten. Der Schweißquerschnitt soll entweder gleichschenkelig oder als leichte Hohlkehlnaht, s. Bild 38 a und b, ausgeführt sein. Geringe Nahtüberhöhungen, Bild 38 c, sind zulässig, stark gewölbte Nähte nach Bild 38 d sowie ungleichmäßig ausgeführte Schweißnähte, Bild 38 e und f, sind in jedem

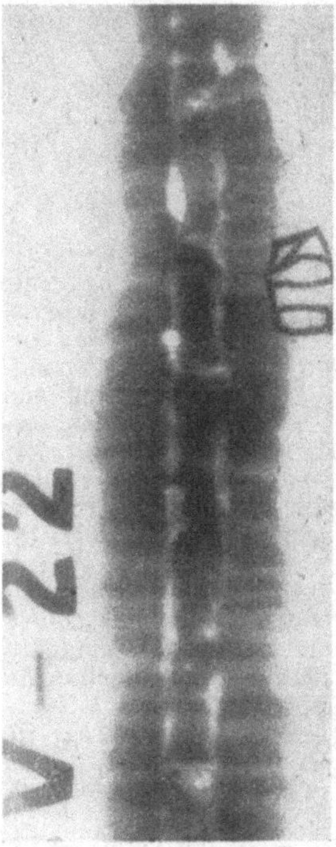

Bild 36: Röntgenbild der Schweißung zu Bild 35 mit doppelter Schlackenzeile[1])

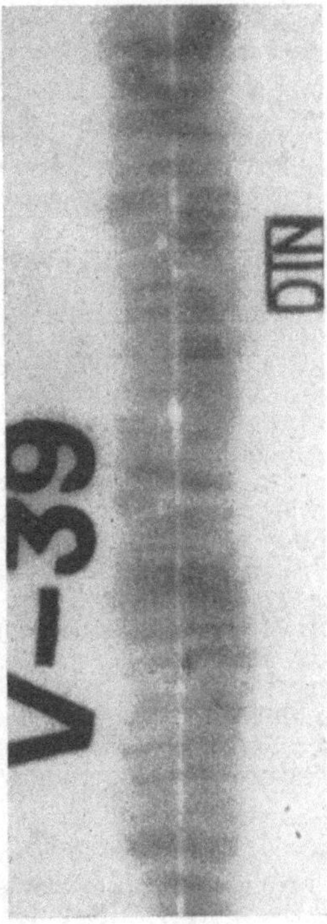

Bild 37: Röntgenbild einer V-Naht mit Wurzelbindefehler[1])

[1]) Die Röntgenbilder sind hier als Positive wiedergegeben! (Die Originalfilme sind Negative.)

Falle zu vermeiden. Die gefährlichsten Fehler beim Schweißen sind zweifellos Risse, die vor allem bei Stählen höherer Festigkeit auftreten können. In diesen Fällen handelt es sich meist um Härtungsrisse. Hierauf wird im einzelnen in den Abschnitten „Schrumpfspannungen beim Schweißen", Seite 81, und „Maschinenbaustähle", Seite 103, eingegangen.

Bild 38: Kehlnahtformen a, b, c richtig; d, e, f falsch

C. Die Blaswirkung des Lichtbogens

Bei einem stromdurchflossenen elektrischen Leiter bildet sich um diesen ein ringförmiges, magnetisches Kraftliniensystem (magnetisches Feld). Diese magnetische Kraftwirkung übt beim Schweißen auf den beweglichen Lichtbogen je nach den vorliegenden Verhältnissen eine mehr oder weniger starke Ablenkung aus, die mit Blaswirkung bezeichnet wird und sich sehr erschwerend auf auszuführende Schweißungen auswirken kann. Werden zwei elektrische Leiter in derselben Richtung vom Strom durchflossen, so übt das Kraftfeld eine anziehende und bei entgegengesetzter Stromrichtung eine abstoßende Wirkung auf die Leiter aus. Je nach der Neigung des Stromleiters (Elektrode) zum Werkstück, der Stromrichtung durch das zu schweißende Werkstück und der Beeinflussung des magnetischen Kraftfeldes kann die Ablenkung des Lichtbogens in Stärke und Richtung verschieden sein.

Aus der Erkenntnis der Ursachen ergeben sich die zu ergreifenden Gegenmaßnahmen, diese sind:

1. Neigen der Elektrode beim Schweißen. Es ist das wichtigste Hilfsmittel beim Schweißen, um dem Lichtbogen die gewünschte Richtung zu geben. Allein angewandt, ist es als Hilfsmittel gegen stark auftretende Blaswirkung nicht immer ausreichend.

2. Pilgern der ersten Schweißlage. Die Blaswirkung bereitet am Anfang und Ende einer Schweißnaht sowie beim Legen der ersten Schweißlage die größten Schwierigkeiten. Da Eisen die magnetischen Kraftlinien besser leitet als Luft, werden diese bei Beginn einer Naht im

Bild 39: Pilgern von Schweißnähten

Werkstück zusammengedrängt und verursachen eine Ablenkung des Lichtbogens zum Innern des Werkstückes. Dieselbe Wirkung auf den Lichtbogen übt der unverschweißte Luftspalt beim Schweißen der ersten Lage aus. Durch schrittweises Schweißen, sogenanntes Pilgern, kann der Blaswirkung begegnet werden, s. Bild 39. Das sich bei den einzelnen Schweißschritten ergebende Kraftliniensystem und die entsprechende Lichtbogenablenkung zeigt Bild 40 a—d. Die einzelnen Pilgerschritte sollen etwa 100 mm lang gewählt werden, da bei längeren Schritten wiederum eine Ablenkung in falscher Richtung erfolgt, s. hierzu die Bilder 40 e und 40 f. Bei Mantelelektroden können größere Pilgerschritte gewählt, teilweise auch ganz unterlassen werden.

Bild 40 a

3. Schweißen mit Folgepol. Das Werkstückanschlußkabel wird entsprechend dem Fortgang der Schweißnaht nachgezogen, es „folgt“ der Schweißnaht. Durch diese Polverlagerung läßt sich die stärkste Ablenkung des Lichtbogens erzielen.

4. Richtiges Heften der Werkstücke. Hierbei ist gutes Heften der Werkstückenden, s. Bild 41, von besonderer Wichtigkeit.

5. Kurzer Lichtbogen.

6. Verwendung umhüllter Elektroden.

7. Schweißen mit Wechselstrom.

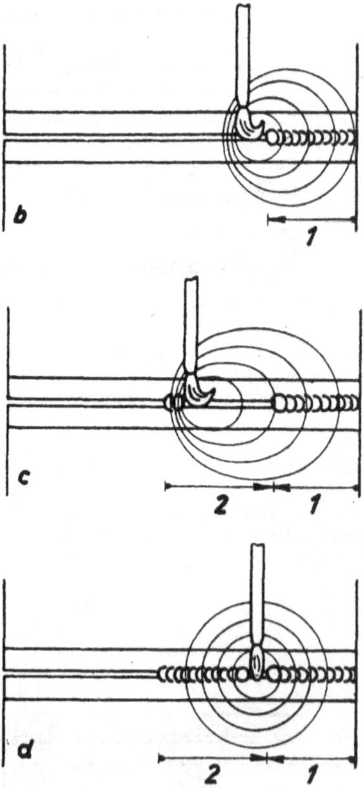

Bild 40: Blaswirkung beim Pilgern einer V-Naht: a—d bei üblichen Pilgerschritten (richtig)

Unzugängliche Ecken beim Schweißen von Profilen, Ecken u. dgl. bereiten meist große Schwierigkeiten. In Bild 42 a und b ist die richtige Heft- und Schweißfolge an einem [-Profil dargestellt (bei kleineren Profilen kann Heftpunkt 3 und 4 fortfallen). Die im Bild 42 a mit „5“ bezeichnete Schweißraupe wird zweckmäßig mit gebogener Elektrode geschweißt, um dadurch der stark nach innen gerichteten Blaswirkung entgegenzuwirken.

Bei unmagnetischen Werkstoffen, wie Aluminium, Kupfer, Bronze u. a., wirkt sich die magnetische Blaswirkung nicht aus.

D. Schrumpfspannungen beim Schweißen

Metalle dehnen sich beim Erwärmen und ziehen sich bei nachheriger Abkühlung wieder zusammen. Erfolgt die Erwärmung eines Werkstückes gleichmäßig, so verläuft auch der Ausdehnungsprozeß im gesamten Querschnitt gleichmäßig, das Werkstück bleibt, sofern die Abkühlung unter den gleichen Bedingungen erfolgt, spannungsfrei. Erst bei ungleichmäßiger Erwärmung oder bei rein örtlicher Wärmezufuhr tritt eine Behinderung im gleichmäßigen Ausdehnungsvermögen ein. Die erwärmte Stelle des Werkstückes wird durch die umgebenden kälteren Werkstoffzonen am Ausdehnen behindert, es entstehen Spannungen. Bei Temperaturen über 650 bis 700° C besitzt der Stahl bei guter Verformbarkeit nur noch geringe Festigkeit, so daß vorhandene Spannungen oberhalb dieses Temperaturbereiches durch Stauchen des Werkstoffes ausgeglichen bzw. abgebaut werden.

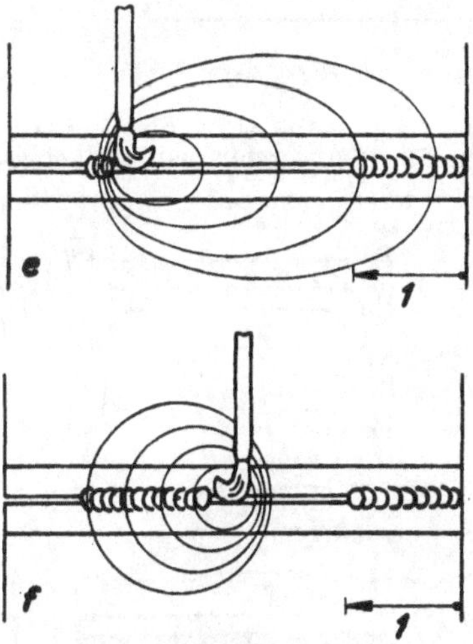

Bild 40:
Blaswirkung beim Pilgern einer V-Naht:
e—f bei zu großen Pilgerschritten (falsch)

Praktisch können Spannungen beim Schweißen nicht vermieden werden, sie lassen sich jedoch bei Beachtung bestimmter Maßnahmen in tragbaren Grenzen halten. Die Anwendung der einzelnen Möglichkeiten zur Herabsetzung der Schweißspannungen setzt die genaue Kenntnis der bereits angedeuteten Vorgänge im Werkstoff voraus.

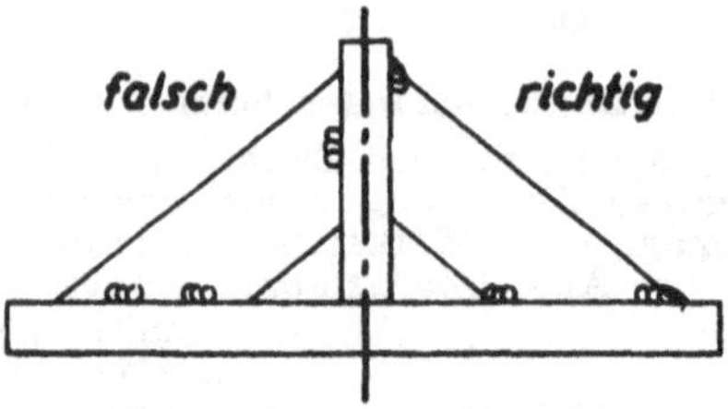

Bild 41: Heften von Werkstücken

Die Erörterung der Frage, ob sich die höheren Schweißspannungen bei der Gas- oder bei der elektrischen Lichtbogenschweißung ergeben, trägt wesentlich zum besseren Verständnis der Schrumpf- und Schweißspannungen bei und soll daher erörtert werden. Auf einem Stahlquerschnitt von 100 × 100 mm wird elektrisch in Längsrichtung eine Raupe geschweißt. Die dem verhältnismäßig kleinen Schweißnahtquerschnitt zugeführte Wärmemenge wird sehr schnell von dem größeren Werkstoffquerschnitt „aufgesogen". Das hohe Temperaturgefälle

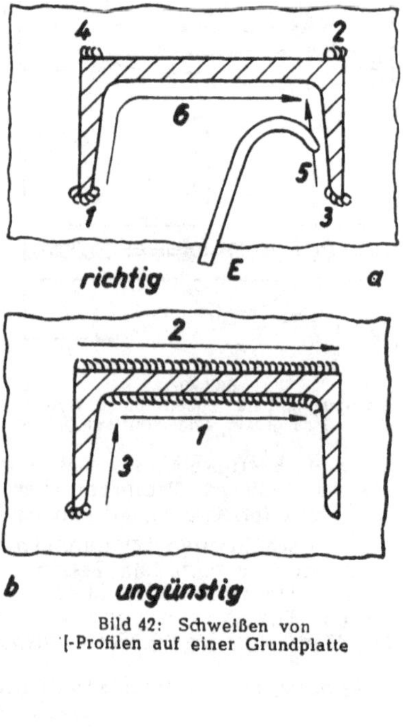

Bild 42: Schweißen von [-Profilen auf einer Grundplatte

zwischen schmelzflüssiger Schweißnaht und kaltem Werkstoff zieht große Schrumpfbehinderung und somit hohe Spannungen in der Schweißraupe und dem Nahtübergang nach sich, die im übrigen so hoch sein können, daß sie Anlaß zu Querrissen in der Schweißnaht geben können. Derselbe Versuch, jedoch bei vorher durchgeführter Erwärmung des Vierkantstabes, ergibt geringeres Temperaturgefälle und gleichmäßigere Schrumpfung im gesamten Querschnitt, so daß wesentlich geringere Spannungen die Folge sind. Mit zunehmender Vorwärmung verringern sich die verbleibenden Spannungen. Gegenüber der Lichtbogenschweißung ist die bei der Gasschweißung zugeführte Wärmemenge größer und ergibt einen gleichmäßigeren und flacheren Temperaturverlauf bei Betrachtung des gesamten Querschnittes. Der hierbei erzielte Erfolg, nämlich gleichmäßigere Schrumpfung und geringere Spannungen gegenüber dem ersten Schweißversuch, gibt die Antwort auf die aufgeworfene Frage: Bei der Gasschweißung ergeben sich geringere Schrumpfspannungen — genauer gesagt: geringere Spannungsspitzen — als bei der elektrischen Lichtbogenschweißung. Jedoch liegen gerade in diesem scheinbaren Vorteil der Gasschweißung die diesem Verfahren eigenen Nachteile gegenüber der Lichtbogenschweißung begründet, die im nächsten Abschnitt erläutert werden sollen.

Die Ermittlung von Schweißspannungen in ihrer tatsächlichen Höhe bleibt wissenschaftlichen Untersuchungen vorbehalten. Mit Meßinstrumenten verschiedenster Art und Konstruktion lassen sich die Spannungen in ihrer Größenordnung feststellen, wobei ihr Wert im einfachsten Falle durch Messen der Dehnungsänderungen im Werkstoff errechnet wird.

Grundsätzlich muß zwischen Schrumpfspannungen und Verwerfungen unterschieden werden. Gasgeschweißte Konstruktionen weisen im Vergleich zu lichtbogengeschweißten größere Verwerfungen auf. Hierin wird die Ursache für die oftmals vertretene, aber irrige Ansicht begründet sein, die höheren Schweißspannungen auch bei der Gasschweißung zu vermuten. Die Schrumpfspannungen, deren Größenordnung einem geschweißten Bauteil nicht anzusehen ist, versuchen vielmehr durch Verwerfungen der geschweißten Konstruktionen einen Ausgleich und somit Herabsetzung der Spannungen herbeizuführen. Spannungen entstehen durch Schrumpfbehinderung, während Verwerfungen erst die Folgeerscheinung auftretender Spannungen sind. Allgemein gilt daher beim Schweißen: je größer die auftretenden Verwerfungen, desto geringer die Restspannungen, und umgekehrt. Da Verwerfungen beim Schweißen unerwünscht sind, müssen Mittel angewendet werden, diese zu vermeiden oder zumindest in erträglichen Grenzen zu halten. Dies führt zwangsläufig zur Erhöhung der Schweißspannungen. Die Erzielung niedriger Spannungen und geringer Verwerfungen stellt also stets eine Kompromißlösung dar.

Die Höhe der beim Schweißen auftretenden Spannungen ist von mehreren Faktoren abhängig. Äußere Einspannung, Werkstückdicke, Nahtform und Länge, Werkstoffart, Schweißstromstärke und Schweißfolge beeinflussen die Schrumpfspannungen in hohem Maße. Grundsätzlich muß zwischen Längs- und Querspannungen unterschieden werden. Die Querschrumpfung einer geschweißten V-Naht beträgt beispielsweise etwa 2 mm und ist wesentlich höher als die einer Kehlnahtverbindung. Die sich ergebenden Größenordnungen von Schrumpfung und Spannung werden durch die Art der Einspannung — freibewegliche oder starr eingespannte Werkstücke — stark beeinflußt. Im folgenden sollen die hauptsächlichsten Maßnahmen zur Herabsetzung der Spannungen, Schrumpfungen und Verwerfungen kurz angeführt werden.

1. Pilgern der Schweißnähte, s. Bild 39.

2. Kleine Fugenwinkel. Gute Paßarbeit und richtiges Heften. Anhäufungen von Schweißnähten vermeiden.

3. Richtige Schweißfolge. Bauteile sollen während des Schweißens möglichst lange freibeweglich bleiben, daher von innen nach außen schweißen. Stoßnähte vor Kehlnähte schweißen.

4. Wurzellagen kräftig ausbilden, weil dieselben bis zur Schweißung der weiteren Lagen besonders stark beansprucht werden.

5. Bei Schweißungen von Flicken und dgl. sind die Ecken stets abzurunden.

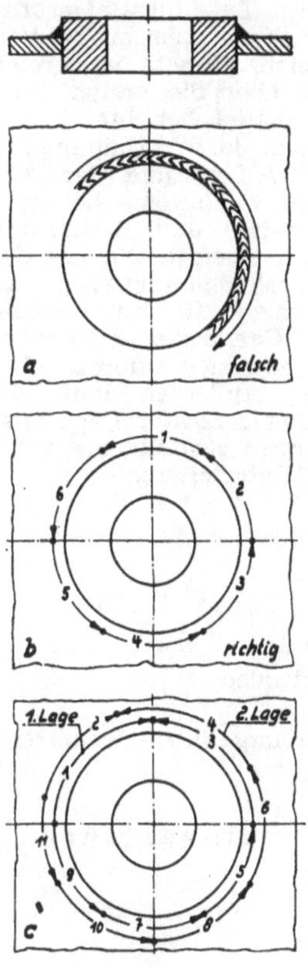

Bild 43:
Einschweißen von Flanschen

Weitere Maßnahmen in Sonderfällen sind:

6. Vorwärmen bei dicken Werkstücken, hochfesten bzw. legierten Stählen, starken Einspannungen.

7. Nachträgliche Glühbehandlung.

8. Hämmern der Schweißnaht. Das Hämmern ist in der Blauwärme, 200—300° C, unbedingt zu vermeiden.

Die günstige und ungünstige Beherrschung der Schweißspannungen soll folgendes praktische Beispiel erläutern. Beim Schweißen der Kehlnähte von Naben u. dgl. in einem Zuge, s. Bild 43 a, treten stets hohe Spannungen auf, die meist zum Aufreißen der Schweißnaht führen. Richtige, schrittweise Einschweißung mit abgesetzten Nähten zeigen Bild 43 b für eine Einlagenschweißung und Bild 43 c für eine Mehrlagenschweißung.

Die Beherrschung der Verwerfungen bereitet beim Schweißen langer, unsymmetrischer Querschnitte (Profile) die größten Schwierigkeiten. Festspannen und entgegengesetztes Vorbiegen vor Ausführung der Schweißung sowie verteiltes Schweißen sind hier die anzuwendenden Hilfsmittel.

X. AUTOMATISCHE SCHWEISSVERFAHREN

A. Allgemeines

Der Weg, den Ablauf des Schweißvorganges zu automatisieren, ist bereits seit vielen Jahren beschritten worden. Als Vorteile lassen sich Leistungssteigerung, Verbesserung der Schweißgüte sowie Einsparung von ausgebildeten Schweißern erzielen. Bereits im ersten Weltkrieg wird in Deutschland über die ersten Entwicklungen solcher Schweißautomaten berichtet.

Die angeführten Vorteile werden durch Erhöhung der Einschaltdauer (pausenloses Schweißen) und der Abschmelzleistung (durch höhere Schweißströme bei kürzerer Einspannlänge der Elektroden) und Einhaltung gleichmäßiger Arbeitsbedingungen erreicht. Die Art der hierbei beschrittenen Wege ist sehr mannigfaltig und hat bei den verschiedenen Firmen die Entwicklung zahlreicher Typen veranlaßt. Genaueste Fugenvorbereitung ist bei der Anwendung automatischer Schweißverfahren Voraussetzung. Außerdem kann die Schweißung nur in annähernd waagerechter Lage ausgeführt werden. Zweckmäßig ergibt sich für die automatischen Verfahren folgende Unterteilung:

Automatische Schweißverfahren:

1. Kohlelichtbogen-Automat,
2. Nacktdraht-Automat,
3. Manteldraht-Automat,
   a) Schweißen mit Stabelektroden
   b) Schweißen vom Ring
4. Verdeckte Lichtbogenschweißung (Ellira-Verfahren),
5. Schutzgas-Schweißverfahren.

Halbautomatische Schweißverfahren:

6. Elin-Hafergut-Verfahren,
7. Einlageschnell-Verfahren,
8. Humboldt-Meller-Verfahren.

Welches dieser Verfahren jeweils anzuwenden ist, ist von technischen und wirtschaftlichen Erwägungen abhängig und muß von Fall zu Fall entschieden werden. Die Bauteile, aus denen allgemein ein Automat besteht, sind:

1. der eigentliche Schweißkopf,
2. die Steuerung,
3. der mechanische Teil zur Fortbewegung des Schweißkopfes in bezug auf das Werkstück.

Die Ausführung des Schweißkopfes richtet sich nach dem Verwendungszweck, je nachdem, ob er für Kohlelichtbogen oder nackte bzw. umhüllte Elektroden bestimmt ist. Einwandfreie Schweißungen erfordern einen gleichmäßigen Draht- bzw. Elektrodenvorschub, der Aufgabe der Steuerung ist. Aus einer großen Zahl von Ausführungsmöglichkeiten haben sich folgende drei Arten als praktisch brauchbar erwiesen:

1. die Relaissteuerung,
2. die Leonard-Steuerung,
3. die Zweimotoren-Steuerung mit Differentialgetriebe.

Allen drei Steuerungen ist gemeinsam, daß der Impuls von der Lichtbogenspannung erteilt wird. Dieser Impuls wird auf die Antriebselemente übertragen.

Die mechanische Bewegung des Schweißkopfes ist durch die Art der Arbeit bedingt. Beim Schweißen von Längsnähten wird in der Regel der Schweißkopf mittels einer Laufkatze, eines Laufwagens oder dergleichen bewegt, während bei Rundnähten meist das Werkstück gedreht wird. Die Drehvorrichtungen wie Drehtische (Faßschweißung), Planscheiben und Rollvorrichtungen (Schweißen von Kesseln und Behältern) haben ebenfalls elektromotorischen Antrieb mit Regelmöglichkeit der Schweißgeschwindigkeit.

Die einzelnen Bauarten der Schweißautomaten und ihre besonderen Anwendungsgebiete sollen im folgenden kurz behandelt werden.

B. Kohlelichtbogen-Automat

Unter der Bezeichnung Kohlelichtbogenschweißung wird ein Verfahren verstanden, bei dem an Stelle der allgemein bekannten Metall-Elektroden Kohlestäbe als

Lichtbogenträger verwendet werden. Entweder wird bei der reinen Kohleschweißung, bei der Bleche von 0,5 bis etwa 6 mm Dicke verschweißt werden, die Verbindung durch Niederschmelzen der dicht aneinanderliegenden Werkstückenden oder bei dickeren Blechen über 6 mm durch getrennt zugeführten Schweißdraht erreicht. Bei Stoßnahtverbindungen ist alsdann eine geringe Abschrägung erforderlich.

Besonders bei der Verschweißung dünnerer Bleche, bei der sich hohe Schweißgeschwindigkeiten bis zu 30 m/h erzielen lassen, ist dieses Verfahren durch seine große Wirtschaftlichkeit gekennzeichnet.

Das Anwendungsgebiet der Kohlelichtbogenschweißung erstreckt sich hauptsächlich auf gerade und runde Stumpfnähte, Bördelnähte, Ecknähte und überlappte Nähte. Bei der Herstellung von Massenartikeln in der metallverarbeitenden Industrie, vor allem im Behälterbau und bei der Faßherstellung, hat sich dieses Verfahren als wirtschaftlichstes erwiesen und ist daher unentbehrlich geworden.

Zur Beruhigung und Stabilisierung des Lichtbogens ist eine Blasspule eingebaut. Je nach Erfordernis und Zweck kann durch zusätzlich angebaute Zufuhrgeräte Zusatzdraht dem Lichtbogen zugeführt werden. Im Gegensatz zu diesen Geräten mit Steuerung wird bei der sogenannten halbautomatischen Kohleschweißung auf den automatischen Vorschub der Kohleelektrode verzichtet. Da der Abbrand nur langsam erfolgt, begnügt man sich hier mit einer Nachstellung von Hand.

C. Nacktdraht-Automat

Der Aufbau eines Nacktdraht-Automaten entspricht im wesentlichen dem des Kohle-Lichtbogen-Automaten. An Stelle der Kohleelektrode wird durch auswechselbare Düsen der Schweißdraht mit jeweils gewünschtem Durchmesser der Schweißstelle zugeführt. Der Draht wird von Ringen entnommen, so daß fortlaufendes Schweißen ohne Unterbrechung möglich ist. Außer Nacktdraht kann auch Seelendraht Verwendung findden. Es können sowohl Verbindungs- wie auch Auftragschweißungen ausgeführt werden. Der Nacktdraht-Automat hat seine verbreitetste Anwendung in der

Spurkranzschweißung gefunden. Der Radsatz wird in eine Vorrichtung eingespannt und die verschlissenen Spurkränze unter fortlaufendem Drehen des Radsatzes aufgeschweißt. Spurkranzschweißanlagen dieser Art werden mit bis zu drei Schweißköpfen je Rad gebaut, so daß bei gleichzeitig ausgeführter Auftragschweißung an beiden Rädern bis zu sechs Schweißköpfe vorhanden sind. Bild 44 zeigt einen Metall-Lichtbogen-Schweißkopf.

D. Manteldraht-Automat

Die Schwierigkeit der Verschweißung ummantelter Elektroden besteht bei der Stromzufuhr infolge der nicht leitenden Umhüllungsmasse, außerdem ist der umhüllte Draht nicht ohne weiteres in Ringen zu verarbeiten. Viele Lösungen für die Ausführung solcher Automaten sind möglich:

1. Das Verschweißen von Stabelektroden, die pausenlos hintereinander verschweißt werden, durch:

a) Verschweißen schräggestellter Elektroden, wobei nach Abschmelzen der ersten Elektrode die folgende Elektrode den Lichtbogen übernimmt.

b) Aneinanderschweißen und Anfräsen von Stromzuführungsstellen vor oder während des Schweißens.

2. Das Schweißen vom Ring wie beim Nacktdraht-Automaten durch:

a) Draht mit einem spiralig umwickelten Leiter,

Bild 44: Selbsttätiger Metall-Lichtbogen-Schweißautomat (Herst.: Siemens-Schuckertwerke)

b) in Längsrichtung aufgeschlitzte Umhüllung,
c) Anfräsen in gewissen Abständen,
d) Umpressen mit bandförmigen Umhüllungen,
e) Umpressen mit Umhüllungsmasse im Automaten.

Kjellberg-Automat: Bei diesem Automaten können übliche Elektroden normaler Länge bis 6 mm ∅ verschweißt werden. Der Stromanschluß wird wie beim Handschweißen an das freie Elektrodenende gelegt. Gearbeitet wird mit zwei Elektroden, eine davon ist stets in Ruhestellung. Das Auswechseln der Elektroden obliegt einer Hilfskraft, der Schweißprozeß selbst vollzieht sich automatisch.

Bei der Weiterentwicklung dieses Automaten, Kaell-Verfahren, werden Doppelelektroden (eine Elektrode mit zwei Drähten) von 700 mm Länge verschweißt. Drei Lichtbögen werden beim Schweißprozeß unterhalten, die mit Dreiphasenstrom aus besonders entwickelten Schweißgeräten gespeist werden. Automaten dieser Bauart sind nur noch wenig in Gebrauch, zumal in neuerer Zeit bessere Geräte auf dem Markt sind.

Elin-Automat: Bei der ersten Ausführung aus dem Jahre 1940 gelangte endloser, umhüllter, biegsamer Schweißdraht mit einem Kerndurchmesser von 3—6 mm zur Verschweißung, der in Rollen mit einem Wickeldurchmesser von etwa 750 mm geliefert wird. Stärkere Elektroden können in geraden, beliebigen Längen verschweißt werden. Der Vorschub des Schweißdrahtes und die Schweißstromzufuhr erfolgen durch einige an einer umlaufenden Transportkette befestigte Zangen, die jeweils an den Stellen des Drahtes eingreifen, wo die Ummantelung vorher automatisch entfernt wird. Eine Pendelvorrichtung, die den meisten Manteldrahtautomaten eigen ist, gestattet die Ausführung breiter Schweißnähte. Bei der Weiterentwicklung dieses Automaten werden handelsübliche Mantelelektroden in Längen von 450 mm verschweißt. Die Elektroden sind nebeneinander in einem Magazin angeordnet und werden entsprechend dem Abbrand nachgeschoben. Die Verbindung der einzelnen Elektroden untereinander geschieht mittels Widerstandschweißung. Ähnlich in der Arbeitsweise sind die von den Siemens-Schuckert-Werken entwickelten Automaten, bei denen das Verschweißen aneinandergereihter Mantelelektroden mit dem normalen Nacktdrahtschweißkopf durch eine angebaute Zusatzeinrichtung ermöglicht wird.

Bei der neuesten Entwicklung der Firma Elin, dem Mantelketten-Schweißautomaten, Bild 45, werden Blankdraht- und Umhüllungsmasse getrennt zugeführt und in einer Zentrierdüse unmittelbar vor dem Lichtbogen vereinigt. Die beiden Umhüllungshälften laufen von je

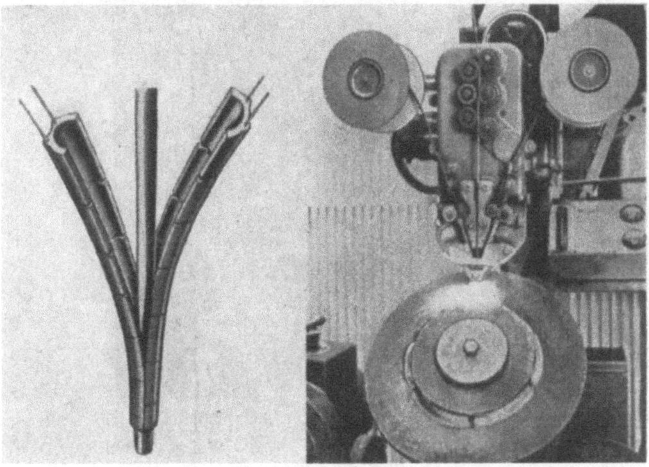

Bild 45: Mantelketten-Automat (7)
(Hersteller: Elin)

einer Trommel und der Draht von einer Spule ab. Die beiden Halbschalen bestehen aus einzelnen Gliedern (Umhüllungsmasse), die durch dünne Drähte miteinander verbunden sind.

Bei den im Ausland entwickelten Automaten wurde die Stromzuführung bei Manteldrähten mit einer Umwicklung aus dünnem Stahlband gelöst, das mit dem Kerndraht über besondere Einlagen leitend verbunden ist. Die Stromzuführung über Rollen oder Schleifkontakte läßt sich dadurch einfach gestalten.

F u s a r c - A u t o m a t : Die englische Firma Fusarc hat einen neuen Automaten entwickelt, mit dem eine sogenannte Spiralnetzelektrode verschweißt wird. Der Kerndraht wird von zwei sich kreuzenden dünnen Drahtspiralen umgeben, zwischen denen die Umhüllungsmasse eingelagert ist. Da diese Elektrode sehr gut bieg-

Bild 46: Fusarc-Automat (7)

sam ist, kann die Verschweißung von aufgewickelten Ringen erfolgen. Bild 46 zeigt einen Fusarc-Automaten beim Schweißen von Kehlnähten. Auch in der deutschen Bundesrepublik werden seit einigen Jahren solche Automaten hergestellt und finden steigende Anwendung.

E. Verdeckte Lichtbogenschweißung (Ellira-Verfahren)

Auf Grund seiner Güte und Wirtschaftlichkeit hat das Ellira-Verfahren die größte Bedeutung sämtlicher automatischen Schweißverfahren erlangt. Es wurde als

Union-Melt-Schweißverfahren in USA entwickelt und fand dort bereits vor 1939 praktische Anwendung. In Deutschland wurde das Verfahren von der Gesellschaft für Linde's Eismaschinen AG erworben und unter der Bezeichnung Ellira-Schweißverfahren, Kurzform für **El**ektro-**Li**nde-**Ra**pid-Verfahren, in den ersten Kriegsjahren eingeführt. Geschweißt wird mit nacktem Draht,

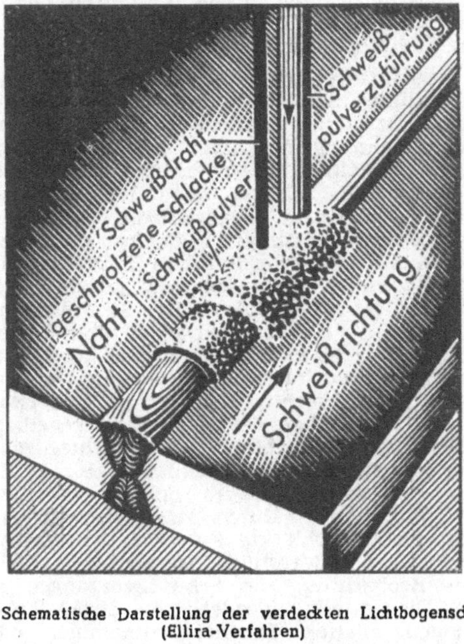

Bild 47: Schematische Darstellung der verdeckten Lichtbogenschweißung (Ellira-Verfahren)

der mit dem Grundwerkstoff unter einem getrennt zugeführten Schweißpulver zum Verschmelzen gebracht wird, s. Bild 47. Da der Schweißvorgang unter vollkommener Abdeckung stattfindet, ist die Lichtbogenbildung nicht sichtbar, so daß Schutzgläser und Schutzschilder nicht erforderlich sind. In Amerika wird daher dieses Verfahren auch mit „submerged-arc-welding“ — verdeckte Lichtbogenschweißung — bezeichnet. Ein Teil des Pulvers schmilzt durch die beim Schweißen entstehende Wärmeentwicklung zu einer Schlacke, die die Schweißnaht gegen übermäßige Wärmeabgabe schützt. Die günstige Wärmeausnutzung und vor allem die Verwendung bedeutend höherer Stromstärken bedingen die hohe Wirtschaftlichkeit dieses Verfahrens und lassen eine 20- bis 50fache Leistungssteigerung gegenüber der üblichen Lichtbogenhandschweißung erreichen.

Der mechanische und elektrische Aufbau entspricht im wesentlichen den bisher beschriebenen Schweißautomaten. Der Drahtvorschub wird auch hier von der Lichtbogenspannung aus über Steuerorgane geregelt. Die hohen Schweißleistungen erfordern hohe elektrische Anschlußleistungen bis zu etwa 100 kA. Geschweißt wird mit einphasigem Wechselstrom, der über einen oder bei höheren Leistungen auch über mehrere Transformatoren auf die erforderlichen Betriebsverhältnisse umgespannt wird. Zur Anwendung gelangen Schweißstromstärken bis zu 3000 Amp. bei Schweißspannungen von 25 bis 50 Volt. Beim Schweißen von Längsnähten bewegt sich der eigentliche Schweißautomat auf einer Fahrbahn, oder er läuft direkt auf den Werkstücken, z. B. beim Schweißen von Platten und Trägerkonstruktionen. Die Vorschubgeschwindigkeit ist regelbar. Beim Schweißen von Rundnähten wird auch hier das Werkstück bei stillstehendem Schweißkopf gedreht. Die Zuführung des Schweißpulvers erfolgt selbsttätig aus einem Fülltrichter. Durch eine Absaugevorrichtung wird das nichtverschlackte Pulver in den Trichter zurückgesaugt, so daß restlose Ausnutzung gewährleistet ist. Eine Beobachtung des Schweißvorganges ist nicht möglich. Die jeweils erforderlichen Stromstärken und Spannungen müssen Tabellen entnommen oder auf Grund von Erfahrungswerten eingestellt werden. Die Zündung des Lichtbogens beim Beginn einer Schweißung wird mittels Zündpille eingeleitet.

Wie bei jedem anderen vollautomatischen Schweißverfahren hängt auch beim Ellira-Verfahren das Aussehen und die Form der Schweißraupe von den einzustellenden Schweißdaten ab. Folgende Faktoren sind von Einfluß:

1. Werkstückvorbereitung, also Fugenwinkel und Höhe der Steilkanten der Schweißfuge,
2. Stromstärke,
3. Schweißspannung,
4. Schweißgeschwindigkeit,
5. Schweißdrahtdurchmesser,
6. Korngröße des verwendeten Schweißpulvers.

Die angewendeten hohen Stromstärken ergeben wesentlich höheren Einbrand als bei Handschweißung. Das Verhältnis des aufgeschmolzenen Grundwerkstoffes zum abgeschmolzenen Zusatzdraht beträgt etwa 2 : 1.

Aus diesem Grunde können die Fugenwinkel beim Ellira-Verfahren wesentlich kleiner als sonst üblich gehalten werden. Bei Blechdicken bis zu 15 mm können Stoßnähte ohne Abschrägung geschweißt werden. Darüber hinaus kommen Fugenwinkel von 30 bis 60° zur Anwendung, und zwar gelangen mit steigender Blechdicke kleinere Winkel zur Ausführung. Die Stoßfugen werden mit Steilkanten versehen und werden ohne Luftspalt verschweißt. Die Drahtdurchmesser betragen zwischen 3 und 12 mm. Ein Draht mit einem Durchmesser von 5 mm wird mit 500 bis 1000 Amp., ein Draht von 6 mm mit 700 bis 1400 Amp., ein Draht von 8 mm mit 1200 bis 2400 Amp. verschweißt, wobei die angegebenen Werte keine absoluten Höchstwerte darstellen.

Auf saubere und genaue Vorbereitungsarbeiten, vor allem Vermeidung von Luftspalten, guten Aufbau der Vorrichtungen und Ellira-Anlage ist zu achten. Schweißdraht, Pulver und Schweißfugen müssen rost-, schmutz-, wasser- und ölfrei sein, um Poren-, Riß- und Lunkerbildung zu vermeiden. Vorwärmen mit Schweißbrennern ist deshalb empfehlenswert. Trotz des grobstengeligen Gefügeaufbaues werden hohe Gütewerte in der Schweißverbindung erreicht. Verwerfungen und Querschrumpfung sind sehr gering. Die Hauptanwendungsgebiete liegen im Schiffbau, Rohrleitungs- und Behälterbau vor, des weiteren im Stahlhoch- und Maschinenbau.

Im Bild 48 ist eine größere Ellira-Anlage beim Schweißen einer Rundnaht dargestellt.

Eine weitere Steigerung der Schweißleistung wird bei Verwendung von zwei Schweißköpfen — Doppelkopfschweißung — erreicht. Der Abstand der beiden Schweißdrähte beträgt etwa 150 mm. Günstig ist diese Arbeitsweise vor allem bei dickeren Werkstücken.

Um die Vorteile dieses Schweißverfahrens auch bei Werkstücken mit geringeren Nahtlängen zu nutzen,

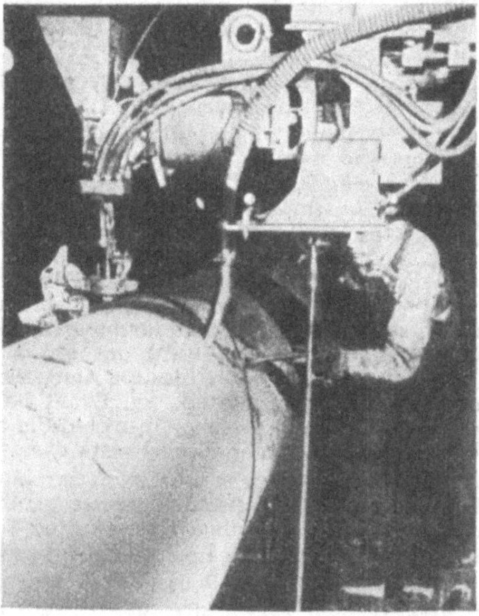

Bild 48: Ellira-Schweißung von Rundnähten (7)

wurden in den letzten Jahren einfachere Handgeräte entwickelt. Bei diesen sog. Rüsselgeräten werden Schweißdraht, Schweißpulver und Schweißkabel durch einen etwa 4 m langen Schlauch (Rüssel) zu der Schweißstelle geführt.

Die verdeckte Lichtbogenschweißung kann im übrigen auch mit Gleichstrom durchgeführt werden.

F. Schutzgas-Schweißverfahren

Auch bei den Schutzgas-Schweißverfahren läßt sich der Ablauf des Schweißvorganges automatisch gestalten. Bereits beim Arcatomverfahren wurde dies mit Erfolg angewendet. Diese Arbeitsweise wird jedoch durch die neuzeitlicheren Schutzgas-Schweißverfahren mehr und mehr verdrängt. Beim Argonarc-Verfahren (Handschweißung) wird mit Wolframelektrode und getrenntem Zusatzdraht, soweit dieser erforderlich ist, gearbeitet. Im Gegensatz hierzu wird bei den automatischen Schutzgas - Schweißverfahren ohne Wolframelektrode geschweißt. Der von Ringen zugeführte Draht dient gleichzeitig als Lichtbogenträger und als Zusatzmaterial. Diese automatischen Verfahren werden mit Sigma- und Aircomatic-Verfahren bezeichnet. Diese Verfahren gewinnen mehr und mehr an Bedeutung und werden vornehmlich für Aluminium, Kupfer und korrosionsbeständige Stähle angewandt. Die Vorteile wurden bereits unter dem Argonarc-Verfahren, s. S. 25, genannt. Auch für die Verschweißung von C-Stählen sowie niedrig legierte und auch unlegierte Stähle ergeben sich Anwendungsgebiete.

G. Elin-Hafergut-Verfahren

Das von der Firma Elin entwickelte EH-Verfahren ist im Aufbau und in der Wirkungsweise besonders einfach. Es wird zweckmäßig, wie auch die anschließend behandelten beiden Verfahren, als halbautomatisch bezeichnet. Zur Anwendung gelangen Preßmantelelektroden, die in die Schweißfugen gelegt und mit profilierten Kupferschienen abgedeckt werden. Zur Herstellung längerer Nähte in einem Arbeitsgang können Elektroden in Längen bis zu einigen Metern verschweißt werden, auch das Aneinanderreihen mehrerer Elektroden ist möglich. Da bei diesem Verfahren Schweißnaht- und Elektrodenlänge stets gleich sind, entspricht der Schweißnahtquerschnitt dem der verwendeten Elektrode. Die Erzielung dicker Schweißnähte erfordert deshalb entsprechend starke Elektroden mit Kerndurchmessern bis zu 12 mm. Das Gelingen einwandfreier Schweißnähte erfordert die Innehaltung bestimmter Voraussetzungen, u. a. Wahl der Elektrode, der Stromstärke, vorschriftsmäßige und gutanliegende Abdeckschienen, gutes Passen der Werkstücke usw. Geeignete Anwendung hat das Verfahren in Sonderfällen gefunden: Dünnblechschweißungen, unzugängliche Schweißungen u. a. Geschweißt wird bevorzugt mit Wechselstrom.

H. Einlege-Schnellschweißverfahren

Dieses Verfahren vereinigt die charakteristischen Merkmale des Ellira- und EH-Verfahrens. In die mit Ellira-Pulver bestreute Schweißfuge wird ein blanker Schweißdraht eingebettet, die Stromzuführung erfolgt über einen Rollen- oder Schleifkontakt, s. Bild 49. Gleichzeitig wird — wie beim Ellira-Verfahren — aus einem Trichter Schweißpulver zugeführt, so daß atmosphärische Einflüsse dem Schmelzbad ferngehalten werden. Die Güte der Schweißung entspricht der von Ellira-Schweißungen. Es kann mit Gleich- oder Wechselstrom geschweißt werden. Wie beim EH-Verfahren muß beim Ausfüllen der Schweißfuge in einer Lage eine dem Fugenquerschnitt entsprechende Elektrodendicke gewählt werden. Das erfordert entsprechend starke Drahtdurchmesser, z. B. wird bei einem Fugenwinkel von 60° und einer Fugentiefe von 6 mm ein Draht von 5 mm Dicke, dagegen bei 12 mm Fugentiefe bereits ein Draht von 10 mm ∅ benötigt. Für die Verschweißung von Blechdicken von 20 bis 25 mm sind sogar Elektroden bis 25 mm Dicke erforderlich. Die für diese Durchmesser notwendigen Stromstärken sind sehr hoch und liegen zwischen 500 bis etwa 3000 Amp. Schweißgeräte üblicher Größe sind nicht ausreichend, so daß Transformatoren oder Gleichstromschweißanlagen entsprechender Leistung erforderlich sind. Zu einwandfreiem Ablauf des Schweißvorganges und einwandfreier Isolierung ist gleichmäßiger Abstand zwischen der im Schweißpulver eingebetteten Elektrode und der Schweißfuge nötig. Das Verfahren erfordert deshalb genau gerichtete Elektroden, die z. Z. in Längen von 3—4 m hergestellt werden. Die Schweißleistungen des Ellira-

Verfahrens werden nicht erreicht, liegen jedoch höher als bei anderen automatischen Schweißverfahren. Das Verfahren wird hauptsächlich in den Oststaaten angewendet.

Bild 49: Einlege-Schnellschweißverfahren (7)

J. Humboldt-Meller-Verfahren

Den Schweißvorgang durch einfaches Auflegen von dickumhüllten Elektroden selbsttätig zum Ablauf zu bringen, ist seit Jahrzehnten bekannt. Die Vorschubgeschwindigkeit erfolgt entsprechend dem Elektrodenabbrand automatisch und läßt sich entsprechend der Schräglage der Elektrode verändern. Eingeführt haben sich diese Methoden nicht.

Beim Humboldt-Meller-Verfahren, kurz als HM-Verfahren bezeichnet, ist diese Schweißmethode durch Verbesserung und Anwendung von Vorrichtungen weiter entwickelt worden. Die Elektrode wird in eine übliche Elektrodenzange eingespannt, die leicht verschiebbar an der Haltestange eines ortsbeweglichen Ständers befestigt ist. Gleichzeitig kann eine zweite Elektrode von Hand zusätzlich verschweißt werden, die entsprechend dem Abbrand der festen Elektrode nachfolgt. Das erfordert natürlich zwei getrennte Schweißstromquellen. Die Zeitersparnis wird mit etwa 35—60 % angegeben. Ob sich dieses Verfahren in größerem Maße einführen wird, muß abgewartet werden.

XI. SCHWEISSEN DER WERKSTOFFE

A. Stahlschweißung

Die „Schweißbarkeit“ ist keine eindeutig bestimmte Werkstoffeigenschaft, sondern von verschiedenen Faktoren, wie der Erschmelzungsart, der chemischen Zusammensetzung, der Werkstoffdicke, den Schweißbedingungen und der Art der Konstruktion, abhängig. Die Ursache von Mißerfolgen beim Schweißen ist daher nicht immer leicht festzustellen, da weiterhin Ungleichmäßigkeit in der Zusammensetzung des Werkstoffes durch Seigerungen (Anreicherungen von nicht metallischen Einschlüssen vor allem Phosphor und Schwefel) die Ermittlung erschwerend beeinflußt.

1. Unlegierte Stähle

Als unlegierte Stähle werden Baustähle bezeichnet, die außer geringem Kohlenstoffgehalt keine sonstigen Legierungsbestandteile enthalten. Der Hauptvertreter ist der St 37 mit 37 kg/mm² Mindestzugfestigkeit, außerdem gehören die Stähle St 00, St 34, St 42 u. a. hierher. Gute Verformbarkeit und Bearbeitbarkeit sowie gute Zähigkeitseigenschaften sind die kennzeichnenden Merkmale dieser Stähle, s. Bild 50. Ebenso sind sie gut verschweißbar.

Bezeichnung	C-Gehalt %	Zerreißfestigkeit kg/mm²	Streckgrenze kg/mm²	Bruchdehnung in % bei	
				L = 5 · d	L = 10 · d
St 00	0,05 und mehr	nicht über 50	—	—	—
St 34	0,08 – 0,12	34 – 42	19	30	25
St 37	0,06 — 0,15	37 – 45	—	25	20
St 42	0,15 – 0,25	42 — 50	23	25	20
St 52	bis 0,20	52 — 64	32 – 36	—	18 — 20
St 50	etwa 0,35	50 – 60	27	22	18
St 60	etwa 0,45	60 – 70	30	17	14
St 70	etwa 0,60	70 – 85	35	12	10

Bild 50: Mechanische Gütewerte unlegierter und niedrig legierter Baustähle

Die Herstellung dieser Stähle erfolgt entweder als Siemens-Martin-Stahl — SM-Stahl — oder als Thomasstahl — Th-Stahl. Für die Herstellung des ersteren wird Schrott benötigt. Durch die immer größer werdende Schrottverknappung im letzten Jahrzehnt hat die Verwendung des windgefrischten Th-Stahles steigende Bedeutung gewonnen. Obwohl beide Stähle über praktisch gleiche mechanische Eigenschaften verfügen, weist der Thomas-Stahl eine wesentlich größere Empfindlichkeit gegen Kaltverformung auf. Größere Werkstoffdicken sind besonders gefährdet. Die Ursache dieser Empfindlichkeit liegt in den höheren Phosphor- und Stickstoffgehalten, die im Th-Stahl ein Mehrfaches von denen im SM-Stahl betragen können. Außerdem ergeben sich stärkere Seigerungen im Th-Stahl. Zur Vermeidung von Rückschlägen bei der Verarbeitung von Thomas-Stahl ist das Erkennen der Ursachen, die zur „Sprödbruchempfindlichkeit“ führen, wichtig. Diese tritt an den Stellen örtlicher Erwärmung bei vorausgegangener Kaltverformung (Hämmern, Biegen, Walzen) auf und kann besonders bei größeren Schweißspannungen sehr gefährlich werden und zu Rißbildungen führen (schlagartige Trennbrüche in den Bauteilen).

Trotz dieser Nachteile kann auf die Verwendung dieses Stahles nicht verzichtet werden. Grundsätzlich ist bei der Verarbeitung zu beachten, daß bei Werkstücken, die durch Biegen, Walzen, Bördeln und dgl. kaltverformt worden sind, beim Schweißen größte Vorsicht geboten ist. Auch die Bearbeitung mittels Scherenschnitt gehört hierzu. Die Steigerung der Sprödigkeit tritt bei derart verformten Bauteilen bei nachfolgender Erwärmung auf 200 bis 500° C ein, die beim nachträglichen Brennen und Schweißen nie vermeidbar ist. Auch bei Richtarbeiten ist Vorsicht geboten. Sind sie nicht zu umgehen, so sollen sie in einem Temperaturbereich oberhalb 600° C ausgeführt werden. Die Verwendung von Th-Stahl ist durch bestehende Vorschriften beschränkt, u. a. sollen Bleche und Gurtprofile über 20 bis 25 mm Dicke nicht geschweißt werden. In vielen Fertigungszweigen, so z. B. beim Schiffbau, kann auf eine Bearbeitung durch vorherige Kaltverformung nicht verzichtet werden. Um auch hier Th-Stahl in größerem Maße einsetzen zu können, kann die Güte durch besondere Verfahren bei der Erschmelzung — Beruhigung des Stahles durch Zugabe von Silizium und Aluminium — der des SM-Stahles angeglichen werden. Solche Stähle sind als HPN- und Alto-Stähle bekannt.

2. Niedrig legierte Stähle

Die Forderung leichtester Bauweise im Großstahlbau führte zur Entwicklung von Stählen höherer Festigkeit. Die Festigkeitssteigerungen durch Erhöhung des Kohlenstoffgehaltes zu erreichen, führte allein nicht zum Ziel. Die praktische „Ausnutzung“ des Werkstoffes wird nämlich nicht von der Höhe der Zugfestigkeit, sondern von der Höhe der Streckgrenze bestimmt, vgl. hierzu die Werte der Stahlsorten St 52 u. St 50 in der Tabelle des Bildes 50.

Ein weiterer Nachteil hochkohlenstoffhaltiger Stähle kann sich beim Schweißen durch auftretende Härtungen im Schweißnahtübergang infolge rascher Abkühlung ergeben. Bereits bei C-Gehalten über 0,2 % muß hiermit gerechnet werden. Die Gefahr der Aufhärtung, die in Verbindung mit den Schweißspannungen leicht zur Rißbildung führen kann, wird von den Abkühlungsbedingungen stark beeinflußt. Die Gefahr zur Rißbildung steigert sich bei zunehmenden Werkstoffquerschnitten, bei Verwendung dünner Elektrodendurchmesser und bei niedrigen Raumtemperaturen. Zur Beseitigung dieser Nachteile mußten bei der Herstellung hochfester, schweißbarer Stähle in der chemischen Zusammensetzung andere Wege beschritten werden. Der Höchstgehalt an Kohlenstoff wurde auf 0,2 % begrenzt und die angestrebte Zugfestigkeit durch geringe Legierungszusätze von Mangan (1,2—1,6 %) und Silizium (0,6—0,8 %) erreicht. Die Mindestzugfestigkeit wurde auf 52 kg/mm² festgelegt, die diesem Baustahl die Benennung „St 52“ gab.

3. Maschinenbaustähle

Baustähle mit höherem C-Gehalt bis etwa 0,6 % haben in der stahlverarbeitenden Industrie für hochbeanspruchte Konstruktionen steigende Anwendung gefunden. Hierzu gehören vor allem die unter der Bezeichnung „Maschinenbaustähle“ bekannten Sorten mit Festigkeitswerten zwischen 50—70 kg/mm² und die Vergütungsstähle. Die hohen Festigkeitswerte ergeben sich durch entsprechend gesteigerten C-Gehalt. Die Stähle sind genormt und entsprechend ihrem C-Gehalt in Festigkeitsgruppen eingeteilt, St 50, St 60, St 70, s. Bild 50. Bereits bei Stählen mit etwa 0,3 % Kohlenstoff ist bei kritischer Abschreckung ein erhebliches Ansteigen der Härte festzustellen, bei der eine spanabhebende Bearbeitung nicht mehr möglich ist. Beim Schweißen ergibt sich glücklicherweise eine geringere Abschreckwirkung als beim Härten und somit auch geringere Härtesteigerungen. Außerdem kommen nur sehr schmale Bereiche des Werkstoffes auf Härtetemperatur. Nachteilig ist jedoch hierbei, daß durch die schnelle Wärmeableitung in die angrenzenden Werkstoffmassen innerhalb des Erwärmungsbereiches erhebliche Unterschiede im Gefüge, in den Festigkeitseigenschaften, der Härte und auch in den Schweißspannungen auftreten.

Das Verhalten der Kohlenstoffstähle beim Schweißen wird nicht nur durch die Höhe des Kohlenstoffgehaltes sondern auch durch die Blechdicke, die Konstruktion und die Schweißbedingungen stark beeinflußt. Für die auftretenden ungünstigen Eigenschaften beim Schweißen hochfester Stähle ist der Begriff Schweißempfindlichkeit festgelegt worden. Ein Stahl, der beim Schweißen stark aufhärten kann und deshalb allein durch die Schweiß- und Schrumpfspannungen zu Härtungsrissen neigt, ist „schweißempfindlich".

Außer Rißbildung im Werkstoff können beim Schweißen kohlenstoffhaltiger Stähle ebenfalls in den Schweißnähten Risse auftreten. Besonders Kehlnähte und Wurzellagen sind gefährdet, vor allem bei dünnen Schweißnahtquerschnitten. Infolge geringer Korngrenzenfestigkeit des Schweißgutes in der Wärme kann dadurch das Aufreißen der ganzen Schweißnaht eintreten. Diese Art der Rißbildung wird mit Schweißnahtrissigkeit bezeichnet. Die Grenze noch einwandfreier Schweißbarkeit liegt nach den Schrifttumsangaben bei etwa 0,35 % C-Gehalt. Zur Erzielung einwandfreier Schweißungen an Kohlenstoffstählen sind besondere Vorsichtsmaßregeln zu beachten:

1. Anwärmen auf 100—300° C,
2. Anwendung dickerer Elektroden,
3. geringe Schweißgeschwindigkeit,
4. zweckmäßige Schweißfolge,
5. Verwendung rißfester Elektroden,
6. nachträgliche Glühbehandlung.

Außer den beiden letztgenannten zielen sämtliche Maßnahmen dahin, gefährliche Härtungen durch verlangsamte Abkühlung der Werkstücke zu verhindern. Das wirksamste Mittel ist gleichmäßiges Anwärmen mit einem Schweiß- oder Gasbrenner.

Von ganz besonderer Bedeutung ist die Verwendung des bestgeeigneten Elektrodentyps. Die für die gebräuchlichen Baustähle (St 34, St 37, St 42 und St 52) verwendeten Elektroden sind durchweg wegen ihrer Anfälligkeit zur Schweißnahtrissigkeit (Unternahtrissigkeit) ungeeignet. Eine gütemäßige Abgrenzung der verschiedenen Elektrodenarten nimmt man zweckmäßigerweise nach dem Umhüllungstyp vor, sofern es sich natürlich um Mantelelektroden handelt.

Die Elektroden, in der Folge steigender Güteeigenschaften aufgezählt, lauten dann:

1. Es-Typ (erzsauer),
2. Ti-Typ (Titandioxyd) mitteldick, besser noch dick umhüllt,
3. Legierte Seelen-Elektroden,
4. Kb-Typ (kalkbasisch),
5. Austenit-Elektroden (kalkbasisch), hochlegiert.

Die Verschweißung der letztgenannten drei Sorten setzt eine gewisse Technik und Übung voraus. Dies diene als Hinweis, sofern bei der Durchführung solcher Arbeiten noch keine genügenden Erfahrungen mit diesen Elektroden vorliegen sollten. Besonders erwähnt sei der Kb-Typ, dessen hochwertiges Schweißgut wesentlich zum Gelingen kritischer Schweißungen beiträgt. Diese genannten Schwierigkeiten steigen naturgemäß im gleichen Maße mit der Steigerung der Festigkeit des Stahles an, der St 60 und St 70 sind also besonders kritisch.

Bei Verwendung von Elektroden mit austenitischem Gefüge lassen sich weitere Verbesserungen erzielen. Durch die Art der Gefügeausbildung — Austenit — ist dieses Schweißgut selbst bei kritischsten Abkühlungsbedingungen nicht härtbar, besitzt außerdem wesentlich höhere Verformbarkeit und Zähigkeit gegenüber den bisher erwähnten Elektrodentypen mit Ausnahme der Kb-Elektrode. Für die hier vorliegenden Fälle ist der typische Vertreter die 18/8/6-Elektrode, so benannt nach ihrer Zusammensetzung: 18 % Chrom, 8 % Nickel und 6 % Mangan, Rest Eisen. Der hohe Preis dieser Elektroden beschränkt meist ihre Anwendung im größeren Umfang. Außerdem dürften sie beim Schweißen hochgekohlter Stähle fast stets durch die Kb-Elektrode ersetzt werden können.

Durch nachträgliche Glühbehandlung können die hohen Spannungen beseitigt und außerdem die Aufhärtungen gemindert werden. Die hohen Kosten einer solchen Behandlung beschränken ihre Anwendung auf Sonderfälle.

Eine der angeführten Maßnahmen allein genügt meist nicht für die erfolgreiche Schweißung hochgekohlter Stähle, die Entscheidung darüber muß von Fall zu Fall getroffen werden. Allgemein gilt, daß bei steigendem C-Gehalt, stärkeren Materialquerschnitten und zunehmender Gefahr auftretender Spannungen die Schwierigkeiten beim Schweißen wachsen. Dementsprechend sind die zu ergreifenden Vorsichtsmaßregeln in verstärktem Maße anzuwenden.

Durch besondere Legierungszusätze, vor allem Mangan, bei gleichzeitiger Reduzierung des C-Gehaltes, sind Stähle bei sonst gleichen Eigenschaften mit geringerer Schweißempfindlichkeit entwickelt worden, die in dieser Sondergüte als „schweißbar" angegeben sind.

4. Kesselbaustähle

Die unlegierten Kesselbaustähle besitzen außer einem Kohlenstoffgehalt bis zu 0.26 % geringe Gehalte an Mangan und Silizium. Die Festigkeit ist vorgeschrieben und liegt zwischen 35—56 kg/mm². Innerhalb dieses Festigkeitsbereiches werden diese Stähle in vier Blechgüten, H I bis H IV, unterteilt. Von besonderer Bedeutung beim Schweißen im Kesselbau ist die Wertigkeit der Schweißverbindung, die mit „v" bezeichnet wird. Sie ist für die Werkstoffausnutzung bestimmend, so daß die Höhe des jeweils vorgeschriebenen Berechnungs- bzw. Schweißfaktors besondere Bedeutung erhält. Bei einem Faktor von v = 0,8 dürfen die Berechnungswerte der Konstruktion nur mit 80 % der zulässigen Blechfestigkeit eingesetzt werden. Es war daher naheliegend, eine Erhöhung des Faktors anzustreben, um dadurch die Blechstärke zu verringern und an Gewicht einzusparen. Höherbewertungen für v = 0,9 oder sogar v = 1,0 sind jedoch von Ausnahmegenehmigungen abhängig und machen die Durchführung einer Verfahrensprüfung erforderlich. Außerdem sind anschließende Wärmebehandlung und zerstörungsfreie Prüfungen vorgeschrieben. Abhängig von der Blechgüte, der Materialdicke, dem Betriebsdruck und dem Schweißfaktor wird Normalglühen oder Spannungsfreiglühen angewendet, in manchen Fällen kann sogar auf eine Glühbehandlung ganz verzichtet werden. Nähere Angaben sind den „Werkstoff- und

Bauvorschriften für Land- bzw. Schiffsdampfkessel" zu entnehmen.

Durch die Wärmebehandlung werden nicht nur die Schweißspannungen und Gefügeänderungen beseitigt, sondern auch der „Alterung" entgegengewirkt. Unter „Altern" versteht man das langsame, aber stetige Absinken der Dehnung und Kerbschlagzähigkeit des Werkstoffes bei vorangegangener Kaltverformung, im Kesselbau vor allem durch Biegen, Walzen und Kümpeln. Diese „natürliche" Alterung, deren Endzustand u. U. erst nach Jahren erreicht wird, wird bei Erwärmungen über 100° wesentlich beschleunigt. Diese Betriebsverhältnisse liegen im Kesselbau vor und bedürfen daher entsprechender Beachtung. Dieser Alterungssprödigkeit kann nicht nur durch wärmebehandelnde Maßnahmen, sondern auch durch besondere metallurgische Behandlung bei der Stahlerzeugung begegnet werden. Alterungsbeständige Stähle sind mit einem zusätzlichen „A" gekennzeichnet, also H I A — H IV A.

Da bei Temperaturen über 300—350° C die Festigkeitswerte der unlegierten Kesselbaustähle erheblich absinken, ist deren Anwendungsbereich beschränkt. Daher gelangen oberhalb dieses Temperaturbereiches legierte Stähle mit genügender „Kriechgrenze" (früher „Dauerstandfestigkeit") zur Anwendung. Die Ermittlung der Zugfestigkeit bzw. Streckgrenze bei erhöhten Temperaturen, mit Warmzugfestigkeit bzw. Warmstreckgrenze bezeichnet, hat nur bis zu Temperaturen von etwa 350° C praktische Bedeutung. Darüber hinaus sind diese Werte entsprechend der Versuchsdauer Änderungen unterworfen; der Werkstoff kommt bei diesen Belastungshöhen infolge des Temperatureinflusses nicht zum Stillstand, sondern er „fließt" oder „kriecht" weiter. Der Bruch tritt dann ohne weitere Belastungszunahme nach entsprechend langer Zeit ein. Diese auf „Dauer" ausgeführten Warmzerreißversuche werden als Dauerstandfestigkeit bezeichnet und geben die Zugfestigkeitswerte an, bei denen das Fließen des Werkstoffes noch zum Stillstand kommt, ohne zum Bruch zu führen. Zu den Legierungselementen, die die Dauerstandfestigkeit erhöhen, gehört vor allem Molybdän. Bereits durch geringe Mengen, bis etwa 0,35 %, lassen sich bei den Molybdän-Stählen Steigerungen bis auf etwa 500° C erzielen. Beim Chrom-Molybdän-Stahl wird durch weiteren Zusatz bis zu etwa 1 % Chrom eine weitere Erhöhung der Dauerstandfestigkeit bis annähernd 550° C erreicht.

5. Legierte Stähle

Entsprechend ihren Legierungsanteilen werden die legierten Stähle infolge ihrer grundverschiedenen Eigenschaften in niedrig- bis mittelhochlegierte und in hochlegierte Stähle unterteilt. Die Grenze liegt bei etwa 10 % der Gesamtmenge aller Zusätze.

a) Niedrig bis mittelhoch legierte Stähle

Zu dieser Gruppe gehören Stähle mit erhöhter Dauerstandfestigkeit und Zunderbeständigkeit, die bereits im vorigen Abschnitt unter Kesselbaustähle erwähnt wurden. Weiterhin gehören Stähle mit höheren Festigkeits-, Dehnungs- und Zähigkeitseigenschaften hierher. Als Legierungselemente werden hauptsächlich Chrom, Molybdän, Vanadium und Silizium verwendet, wonach die betreffenden Stähle ihre Bezeichnung erhalten. Da die Schweißbarkeit legierter Stähle nicht nur nach den Anteilen eines Elementes bestimmt wird, sondern vom Zusammenwirken sämtlicher Zusätze abhängig ist, können die Schweißeigenschaften sehr verschieden sein. Steigender Anteil an Chrom fördert vor allem bei gleichzeitiger Erhöhung des Kohlenstoffgehaltes die Karbidbildung und damit die Härtung. Bestimmte Vorsichtsmaßnahmen, wie Vorwärmen und nachträgliche Wärmebehandlung, sind je nach Stahlzusammensetzung zu beachten, um grobkörnige, härtende und rißanfällige Übergangszonen zu vermeiden. Eingehende Ausführungen über die Eigenschaften und das Schweißen legierter Stähle müssen dem im Anhang angegebenen Schrifttum (2, 3) entnommen werden. Weiterhin empfehlen sich Rückfragen und Anforderung von Schweißanleitungen beim Stahlerzeuger. An Zusatzwerkstoff werden im allgemeinen artgleiche Elektroden, mit Ausnahme von aluminiumlegierten Stählen, verwendet.

b) Hochlegierte Stähle

Sie gliedern sich in zwei Hauptgruppen, in die rostsicheren und in die hitze- und zunderbeständigen Stähle.

Rostsichere Stähle

Stähle mit einem Mindestgehalt von 13 % Chrom besitzen bereits große Widerstandsfähigkeit gegenüber chemischen Angriffen, Säuren u. dgl., die durch Zusätze von Molybdän noch gesteigert werden kann. Sie werden als rostsichere Stähle bzw. als rost- und säurebeständige oder korrosionsbeständige Stähle bezeichnet und kommen hauptsächlich in der chemischen und der Nahrungsmittelindustrie usw. zur Anwendung. Je nach Zusammensetzung, auch der C-Gehalt ist hierbei von wesentlichem Einfluß, kann der Gefügezustand dieser Stähle verschiedenartig sein, so daß die Anwendungsgebiete und die Werkstoffeigenschaften sehr unterschiedlich sind. Die Chromstähle mit geringem C-Gehalt, nach dem vorliegenden Gefüge auch als „ferritische" Stähle bezeichnet, sind weich und nicht härtbar, da sie keine Gefügeumwandlung durchmachen. Nachteilig ist die Grobkornbildung bei Temperaturen über 950° C. Beim Schweißen ist daher in den Ubergangszonen ein Abfallen der Zähigkeitseigenschaften nicht zu verhindern. Durch Wärmebehandlung kann eine Kornverfeinerung nicht erreicht werden, da auch bei hohen Temperaturen das ferritische Gefuge erhalten bleibt. Die „martensitischen" Stähle sind im Gegensatz zu den ferritischen infolge hohen C-Gehaltes hartbar, für die Schweißtechnik haben sie keinerlei Bedeutung.

Durch Zusätze von Nickel oder Mangan kann die Zähigkeit wesentlich verbessert werden. Nach dem Gefügezustand werden solche hochlegierten Chrom-Nickel-Stähle als austenitische Stähle bezeichnet. Der bekannteste Vertreter dieser Gruppe ist der 18/8 Chrom-Nickel-Stahl (18 % Cr und 8 % Ni), dessen Korrosionsbeständigkeit durch Zusatz von etwa 2 % Molybdän gegen Säuren noch besonders erhöht werden kann. Auf die Eigenschaften des Gefuges wurde bereits an anderer Stelle hingewiesen, es ist weich, gut bearbeitbar, unmagnetisch, gut verformbar und von hoher Zähigkeit, außerdem nicht härtbar. Nachteilig sind die Ausscheidungen von Chrom-Karbiden (chemische Verbindung von Cr und C) an den Korngrenzen bei Temperaturen zwischen 500 und 900 ° C. Dadurch wird die Korrosionsbeständigkeit herabgemindert und führt zur sog. interkristallinen Korrosion. Diese für das Schweißen nachteiligen Eigenschaften können durch Herabsetzung der C-Gehalte unter 0,07 % oder durch Zusätze von Titan, Tantal und Niob beseitigt werden. Die austenitischen Stähle sind in ihren Schweißeigenschaften wesentlich günstiger als die reinen Chromstähle. Die gegenüber unlegierten Stählen sehr geringe Wärmeleitfähigkeit und der hohe Ausdehnungskoeffizient bedürfen der Beachtung, da die Werkstücke beim Schweißen viel stärker als bei sonstigen Stählen arbeiten (größere Verwerfungen).

Hitze- und zunderbeständige Stähle

Durch Zusätze von Silizium, Aluminium, Chrom und Nickel werden Stahllegierungen geschaffen, die auch in Temperaturbereichen von 500 bis 1200° C hitze- und zunderbeständig sind. Sowohl chemische Zusammensetzung, Gefügeausbildung und Schweißeigenschaften sind den korrosionsbeständigen Stählen artverwandt. Die ferritischen Chrom-Silizium-Stähle sind je nach der Höhe der ausgesetzten Betriebstemperaturen mit 6 bis 30 % Cr und 1 bis 3 % Si legiert. Auch diese Stähle sind durch ihre Neigung zur Grobkornbildung bei höheren Temperaturen und durch ihre begrenzte Formänderungsfähigkeit bei Raumtemperatur gekennzeichnet. Durch geringe Zusätze von Aluminium, Chrom-Aluminium-Stahl, lassen sich bei gleicher Zunderbeständigkeit Einsparungen an Chrom erzielen. Die austenitischen 25/20-Chrom-Nickel-Stähle zeichnen sich durch günstigere Verarbeitungseigenschaften aus. Sie besitzen außer hohem Chromgehalt hohe Anteile an Nickel, bis etwa 20 %, außerdem beachtliche Siliziumgehalte. Für die Verschweißung der hitze- und zunderbeständigen Stähle gelten entsprechend ihrer Gefügeausbildung die gleichen Voraussetzungen wie bei den rostsicheren Stählen.

B. Schweißen von Stahlguß

Stahlguß unterscheidet sich vom Flußstahl vornehmlich durch seine Gefügeausbildung. Das Gefüge ist durch den Gußprozeß infolge Fortfall einer formgebenden Warmbehandlung grob und strahlig (Widmannstätten'sche Gußstruktur, s. S. 49). Dadurch ergeben sich wesentlich geringere Dehnungs- und Kerbschlagzähigkeitswerte.

Abgesehen von höheren Gehalten an Kohlenstoff, Mangan und Silizium im Gegensatz zum Flußstahl gleicher Festigkeit ergeben sich beim Stahlguß ähnliche Zusammensetzungen und Eigenschaften. Auch hier ist eine Unterteilung nach verschiedenen Güteeigenschaften, vor allem der Festigkeit, vorgenommen, und man unterscheidet gleichfalls zwischen unlegiertem und legiertem Stahlguß. Durch eine Glühbehandlung kann die ungünstige Gefügestruktur beseitigt werden.

Das Schweißen von Stahlguß bereitet grundsätzlich keine Schwierigkeiten. Es gelten die gleichen Voraussetzungen, die beim Schweißen von Flußstahl gleicher oder ähnlicher Zusammensetzung zu beachten sind. Bei der häufig angewendeten Reparaturschweißung, z. B. Behebung von Gußfehlern, ist auf gute Freilegung der Lunkerstellen und genügendes Auskreuzen etwa vorhandener Risse zu achten. Verunreinigungen durch Formsand sind vor dem Schweißen sorgfältig zu beseitigen. Die Art und Größe der zu schweißenden Stahlgußteile ergeben teils hohe Schweißspannungen und je nach der Höhe des C-Gehaltes oder anderer Legierungsbestandteile eine mehr oder weniger starke Härtung im Übergangsgebiet der Schweißnaht zum Grundwerkstoff. In diesen Fällen empfiehlt sich vorheriges Anwärmen im Bereich der Schweißnaht, u. U. auch des ganzen Werkstückes. Diese Maßnahme genügt in manchen Fällen nicht, besonders dann nicht, wenn es sich um Stahlguß mit höherem C-Gehalt (Stg 50, Stg 60) handelt, der anschließender mechanischer Bearbeitung unterzogen werden soll. Hier hilft dann nur nachträgliche Glühbehandlung — Normalisieren. Außer der Beseitigung von Aufhärtungen wird ein gleichmäßiges, feinkörniges Gefüge erzielt mit wesentlich verbesserten Güteeigenschaften von Schweiße und Stahlguß. Die Herstellung komplizierter Stahlgußteile läßt sich mit Hilfe der Schweißung ebenfalls erheblich dadurch vereinfachen, daß zwei oder mehrere einzeln gegossene Teile mittels Verbindungsschweißung zu einem Formstück vereinigt werden. Auch die Verschweißung von Stahlguß mit Flußstahl ist möglich.

Eine Sonderstellung nimmt der Manganhartstahlguß ein, der außerdem als Manganhartstahl im geschmiedeten oder gewalzten Zustand verwendet wird. Der Mangangehalt von 12 bis 15 % gibt diesem Stahl das bereits bekannte austenitische Gefüge; solcher Stahl ist bei hohen Festigkeits-, Zähigkeits- und Dehnungswerten durch übliche Warmbehandlung nicht härtbar. Vielmehr werden beim Abschrecken aus Temperaturen von 1050° C die den Manganhartstahl kennzeichnenden hohen Güteeigenschaften erreicht. Die eigentliche Härtesteigerung tritt erst durch Kaltverformung, z. B. durch Stoß- und Schlag-Beanspruchung, ein. Bedingt durch diese Eigenart des Manganhartstahles in Verbindung mit hoher Festigkeit und Zähigkeit, ergibt sich seine Anwendung vor allem bei hohen Verschleißbeanspruchungen, z. B. Brechbacken, Baggerteilen u. dgl. Ein Nachteil, der die Schweißung stark beeinträchtigt, ist die Härtesteigerung und Versprödung durch Glühen im Temperaturbereich zwischen 300 und 700° C. Beim Schweißen muß dem durch geringe Wärmezufuhr begegnet werden. Zu langes Schweißen an gleicher Stelle ist unbedingt zu vermeiden. Bei kleineren Werkstücken empfiehlt sich daher zwecks schnellerer Abkühlung Abschrecken mit Wasser, auch nachträgliches Glühen auf 1050° C mit anschließendem Abschrecken wird angewendet. Verbindungsschweißungen werden mit 18/8/6-Elektroden ausgeführt. Hauptsächliches Anwendungsgebiet dieser Schweißung ist die Auftragung verschlissener Teile. Als Elektroden werden solche aus Manganhartstahl verwendet, die etwas höhere Legierungsanteile enthalten, um den Abbrand beim Schweißen auszugleichen. Auch hier schweißt man zweckmäßig mit 18/8/6-Elektroden vor (Zwischenpuffer).

C. Auftragschweißung

Die Schweißverfahren haben nicht nur als Verbindungselement, sondern auch als Auftragschweißung bei Reparaturen und Neufertigung ein großes Anwendungsgebiet gefunden. Der besondere Vorteil solcher Auftragschweißungen liegt in der Erreichung der jeweils gewünschten Härte- und Verschleißeigenschaften, unabhängig vom vorhandenen oder verwendeten Grundwerkstoff. Erhebliche Einsparungen an hochwertigen und hochlegierten Werkstoffen sowie an Zeit und Herstellungskosten lassen sich bei zweckmäßiger Anwendung dieses Verfahrens erzielen. Für untergeordnete Zwecke genügen meist unlegierte, für übliche Schweißungen gebräuchliche Elektroden, vor allem dann, wenn nachträgliche mechanische Bearbeitung gefordert wird. Handelt es sich bei solchen Ausbesserungsarbeiten um legierte Stähle, so gelten bei der Wahl der Arbeitsbedingungen und Elektroden die bei der Behandlung dieser Stähle gemachten Ausführungen.

Zur Erreichung höherer Härte bei starken Verschleißbeanspruchungen müssen legierte Elektroden verwendet werden. Durch erhöhten C-Gehalt und Zusätze an Chrom und Mangan werden Härtegrade bis etwa 500 Hb (Brinelleinheiten) erzielt, bei mehr als 250 Hb ist Bearbeitung nur noch mittels Schleifen möglich. Die Härte wird nicht nur durch verschieden legierten Zusatzwerkstoff, sondern auch durch Wärmebedingungen, Werkstoffdicke und Lagenzahl beeinflußt. Bei allen kritischen Auftragungen wird zur Vermeidung von Härterissen Vorwärmung empfohlen. Der Verwendungsbereich solcher Auftragungen erstreckt sich auf Gleisteile wie Weichen, Kurven und Herzstücke, außerdem auf Baggerteile, Werkzeuge wie Gesenke, Stempel und Matrizen und vieles andere.

Eine Sonderstellung nimmt die Auftragschweißung an Hochleistungs- und Warmarbeitswerkzeugen ein. Hierzu gehören Schnellstähle und Hartmetalle (Chrom-Wolfram - Kobalt - Legierung, Stellite genannt.) Als Arbeitsverfahren überwiegt hierbei jedoch das Gasschweißverfahren.

Beim Schweißen sind besondere Arbeitsbedingungen wie Anwärmen u. U. auf Dunkelrotglut, langsames Erkalten zu beachten, um Rißbildung vorzubeugen.

D. Schweißen von Gußeisen

Die Schwierigkeiten von Reparaturschweißungen an Grauguß sind durch den hohen Kohlenstoffgehalt von etwa 2,5 bis 4 % bedingt, der dem Gußeisen die spröde Eigenschaft gibt. Bei jeder örtlichen Warmbehandlung, wie z. B. durch das Schweißen, treten in dem betreffenden Werkstück Längenänderungen ein, die bei Werkstoffen mit geringer Dehnung, z. B. Gußeisen, bei komplizierten

Bauformen mit ungünstig gelegenen Rissen oder Brüchen zu großen Spannungen führen. Außerdem entsteht im Schweißnahtübergang bei schroffen Abkühlungsverhältnissen eine äußerst ungünstige Härtezone, der Kohlenstoff liegt dann in chemisch gebundener Form vor — Zementitbildung —, da er durch die schnelle Abkühlung nicht als Graphit ausscheiden kann. Mehr oder weniger große Rißerscheinungen sind dann meistens die Folge. In der ungenügenden Dehnung und dem harten Schweißnahtübergang sind die Schwierigkeiten bei der Gußeisenschweißung begründet.

Grundsätzlich wird zwischen der Kalt- und der Warmschweißung unterschieden. Die geschilderten Schwierigkeiten treten im besonderen Maße bei der Kaltschweißung auf, bei der ohne vorheriges Anwärmen geschweißt wird. Solche Schweißverbindungen ergeben geringe Festigkeitsverhältnisse, sind empfindlich gegen Stoß- und Schlagbeanspruchungen und lassen nur eine Bearbeitung mittels Schleifen zu, Dichtigkeitsschweißungen sind nur bedingt möglich. Als Zusatzwerkstoff werden meist dünn umhüllte oder Seelenelektroden verwendet mit besonders geringem C-Gehalt. Abbohren der Rißenden und sorgfältige Vorarbeitung der Schweißfugen sind für das Gelingen von Kaltschweißungen Voraussetzung. Um Durchtropfen des Schweißgutes und Wegschmelzen der Schweißfugenlippen zu verhindern, sind V-förmige Nahtausarbeitungen nur bis zu etwa $^3/_4$ der Werkstoffdicke vorzusehen. Um wenigstens im Schweißgut bessere Dehnungseigenschaften und außerdem bearbeitbare Schweißnahtübergänge zu erreichen, werden mit gutem Erfolg Sonderelektroden verwendet. Diese bestehen aus einer Kupfer-Nickel-Legierung (Monel-Elektroden) oder auch aus Reinnickel. Eine Anwendung im größeren Maße wird durch den hohen Preis dieser umhüllten Sonderelektroden, der über das 10fache dünn umhüllter Elektroden beträgt, beschränkt. Zur Verringerung der dargelegten Schwierigkeiten bei der Kaltschweißung von Gußeisen ist die Beachtung verschiedener Maßnahmen erforderlich, hierbei ist möglichst geringe Wärmezufuhr bei anschließend langsamer Abkühlung der Werkstücke die wichtigste. Die nähere Umgebung der Schweiße soll gute Handwärme nicht übersteigen, erfordert daher kurze Schweißschritte mit zwischenzeitlicher, langsamer Abkühlung, geringe Stromstärken und Verwendung dünner Elektroden, die meist am Pluspol verschweißt werden. Zum Abbau der Schweißspannungen kann außerdem Hämmern der einzelnen Schweißlagen dienlich sein, ist jedoch nach der ersten Lage möglichst zu vermeiden. Größere Querschnitte werden zweckmäßig mit Schrauben verstiftet, die in die Schweißkanten eingesetzt werden und einige Millimeter vorstehen bleiben. Durch die Überleitung der Kräfte von Schweiße zu Schraube und Werkstoff tritt eine Entlastung ungünstig beanspruchten Schweißnahtüberganges ein. Eine derart für eine Kaltschweißung vorbereitete Arbeit zeigt Bild 51.

Bild 51: Zweimal gebrochenes Bett einer Hobelmaschine für die elektrische Kaltschweißung vorbereitet (7)

In jeder Beziehung befriedigende und einwandfreie Graugußschweißungen lassen sich nur mit der Warmschweißung durchführen. Das Arbeitsstück wird hierbei auf etwa 600 bis 700° C vorgewärmt, sodann unter Zusatz von Gußeisen-Schweißstäben geschweißt und anschließend langsam erkalten gelassen. Da die Festigkeit von Gußeisen bei diesen Temperaturen nur noch wenige kg/mm² beträgt, wird bei dieser Arbeitsweise praktisch ein spannungsfreies Schweißen ermöglicht. Der Erfolg dieser Schweißweise liegt in der Einhaltung der für Gußeisen erforderlichen Wärmebedingungen, nämlich langsame und gleichmäßige Erwärmung und Abkühlung, so daß der Kohlenstoff in Form von Graphit (weich!) ausscheiden kann, was mit Sicherheit Zementitbildung und Aufhärtungen verhindert. Die Erwärmung erfolgt entweder in Glühöfen oder im Holzkohlenfeuer. Im letzten Falle wird unter Freilassen der Schweißstelle das Werkstück vollkommen abgedeckt. Ein Wegfließen oder Auslaufen des flüssigen Schweißbades wird durch Unterlegen von Formkohleplatten, s. Bild 52, verhindert. Verschiedene Größen und Abmessungen bei leichter Bearbeitungsmöglichkeit lassen schnell jede gewünschte Formgebung gestalten. Nach Unterbauung der zum Schweißen vorbereiteten Stelle wird die Formkohle mit Formsand festgelegt und eingebettet. Die elektrische Warmschweißung ist bei Ausbesserungen größerer Werkstücke am wirtschaftlichsten und erfordert starke Elektrodendurchmesser bis 12 mm und mehr. Die hohen Schweißleistungen können durch Parallelschaltung mehrerer Schweißumformer erreicht werden. Die Schweißungen können nur in waagerechter Lage ausgeführt werden und machen den geschilderten Arbeits-

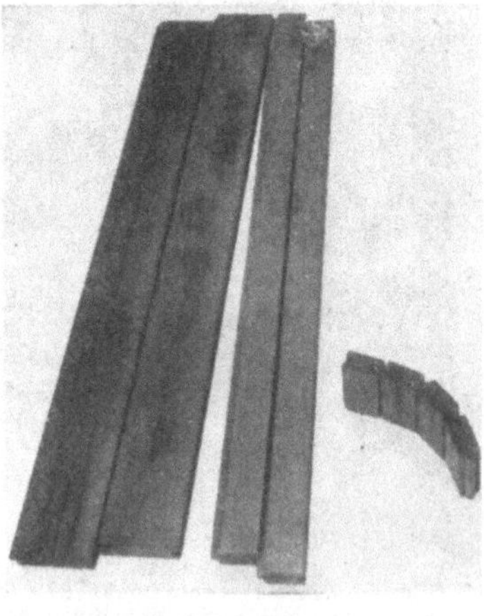

Bild 52: Formkohleplatten für Warmschweißungen

prozeß bei komplizierter Bruchlage so oft erforderlich, wie Bruchebenen vorhanden sind.

Bei günstiger Bruchlage genügt oftmals eine Teilerwärmung des Werkstückes an der Bruchstelle, man spricht alsdann von einer Halbwarmschweißung. Ein derart vorbereitetes Arbeitsstück ist im Bild 53 dar-

Bild 53: Halbwarmschweißung einer Trommelwinde

gestellt. Die gezeigte V-nahtförmige Ausarbeitung im Wurzelgrund der beiden Bruchflächen ist jedoch ungenügend. Sie soll einen Spalt, etwa entsprechend dem verwendeten Elektrodendurchmesser, erhalten, um einwandfreie Verschmelzung in der Wurzel zu ermöglichen.

E. Schweißen von Nichteisenmetallen

Die Priorität für das Schweißen der Nichteisenmetalle wird in Zukunft den Schutzgas-Schweißverfahren (Argonarc u. a.) gehören. Trotzdem soll die übliche Lichtbogenschweißung erläutert werden.

1. Leichtmetallschweißung

Die Schweißung der Leichtmetalle, wozu vor allem Aluminium und seine Legierungen gehören, unterscheidet sich von der Stahlschweißung durch verschiedene Eigenschaften, die den Leichtmetallen eigen sind und bei der Schweißung berücksichtigt werden müssen. Die hohe Wärmeleitfähigkeit erfordert große Wärmezufuhr, um einwandfreie Bindung zwischen Werkstoff und Schweiße zu erzielen. Die Elektroden werden daher im Vergleich zur Stahlschweißung wesentlich stärker im Durchmesser gewählt. Bei stärkeren Querschnitten ist außerdem Vorwärmen erforderlich, zum mindesten bei Beginn der Schweißung, um durch zu schnelle Wärmeableitung Bindefehler zu vermeiden. Der von der Stahlschweißung her bekannte und sich für die Schweißung günstig auswirkende „teigige“ Zustand vor Erreichung der Schmelztemperatur fehlt bei Aluminium fast vollkommen. Der Gefahr des Durchtropfens und Auslaufens des Schmelzbades begegnet man durch Unterlagen aus Stahl oder Kupfer. Erhebliche Schwierigkeiten bereitet weiterhin der hohe Schmelzpunkt der sich bildenden Aluminiumoxyde, etwa 2000° C, der damit wesentlich über dem Schmelzpunkt von Aluminium, 658° C, liegt. Die Vermeidung von Oxydeinschlüssen in der Schweißung läßt sich nur durch geeignete Flußmittel erreichen, die bei der Lichtbogenschweißung in den Umhüllungen enthalten sind. Bereits kleine Beschädigungen der Elektroden behindern den Schweißfluß erheblich und führen zu Fehlschweißungen. Die Elektroden sind daher sorgfältig aufzubewahren und außerdem vor Feuchtigkeit zu schützen. Längere Lagerung ohne besondere Schutzhüllen machen die Elektroden infolge ihrer hygroskopischen Wirkung (feuchtigkeitsanziehend) bereits unbrauchbar.

Die Gleichstromschweißung, meist bei plusgepolter Elektrode, wird infolge ihrer Vorteile bevorzugt. Stoßschweißungen bis zu etwa 8 mm Werkstoffstärke können ohne Abschrägung der Kanten ausgeführt werden. Die darüber hinaus zur Anwendung kommenden Nahtvorbereitungen können gegenüber der Stahlschweißung geringer gewählt werden und brauchen nicht die gesamte Querschnittshöhe zu erfassen. Stoßfugen, sowohl bei Stumpf- wie auch bei Kehlnähten, sind ohne Luftspalt zu verlegen. Besondere Beachtung ist bei der Schweißung von Aluminium der Beseitigung von Schlacke und Flußmittelresten zu schenken, um nachträgliche Korrosionserscheinungen zu vermeiden. Abwaschen und Spülen mit Natronlauge, verdünnter Salpetersäure und schließlich mit Wasser dienen diesem Zwecke. Aluminiumlegierungen müssen mit gleichen Zusatzwerkstoffen verschweißt werden, wobei die Schweißung vergüteter Legierungen weniger angewendet wird, da die Vergütung und damit die hohe Festigkeit durch die Wärmebeeinflussung zunichte gemacht wird.

2. Kupferschweißung

Auch bei der Schweißung von Kupfer bereitet die hohe Wärmeleitfähigkeit Schwierigkeiten und macht meistens Vorwärmen erforderlich. Sehr nachteilig wirkt sich die Beeinflussung durch den Luftsauerstoff aus, da die sich bildenden Kupferoxyde (Kupferoxydul) die Festigkeits- und Dehnungseigenschaften stark herabsetzen. Auch Kupferlegierungen, wie Rotguß und Bronze, sind schweißbar, sie machen besonders bei größeren Werkstücken ebenfalls Vorwärmung zur Vermeidung poröser Schweißungen erforderlich. Für Bronzeschweißungen haben sich auch dünn getauchte Elektroden gut bewährt. Zusatzwerkstoffe aus Kupfer oder seinen Legierungen sind auch für Auftragungen auf Stahl geeignet.

XII. DAS ELEKTRISCHE BRENNEN UND SCHNEIDEN

Obwohl das Schneiden mit dem Lichtbogen seit Jahrzehnten bekannt ist, hat es sich auf Grund technischer und wirtschaftlicher Nachteile bis heute mit Ausnahme einiger Sondergebiete nicht durchsetzen können. Am ältesten ist das Schneiden mit dem Kohlelichtbogen, das vor allem bei Verschrottungsarbeiten von Gußeisen, das bekanntlich mit dem autogenen Schneidbrenner nicht einwandfrei getrennt werden kann, Anwendung gefunden hat. Bei wirtschaftlicher Arbeitsweise werden hohe Schweißleistungen vorausgesetzt; Schweißstromstärken von 500 Amp. und mehr werden angewendet. Im Zuge stetiger Weiterentwicklung der Elektrodenerzeugnisse wurde durch die Verwendung dick umhüllter Elektroden ebenfalls ein Durchbrennen ermöglicht. Diese Methode ist kein Schneiden im eigentlichen Sinne, sondern nur ein Durchschmoren der Werkstoffe. Die Trennfugen sind deshalb gegenüber dem autogenen Brennschnitt wesentlich breiter, unsauberer und ungenauer. Durch diese Nachteile sowie schlechtere Wirtschaftlichkeit gegenüber dem autogenen Schneidverfahren hat sich diese Arbeitsweise beim Schneiden von Stahl nicht eingeführt. Daran haben auch besonders entwickelte Schneidelektroden nichts ändern können, obwohl die Schneidleistung wie auch die Sauberkeit des Trennschnittes wesentlich verbessert wurden. Diese hochstrombelastbaren Elektroden sind dick umhüllt und entwickeln beim Abschmelzen durch ihre sauerstoffenthaltende Umhüllungsmasse wesentlich höhere Wärmemengen als übliche Mantelelektroden.

Eine neue Entwicklung wurde Ende des letzten Krieges durch eine Verwendung des Lichtbogens als Wärmequelle unter gleichzeitiger Zufuhr von Sauerstoff als Schneidgas eingeleitet. Dieses im Ausland entwickelte Lichtbogen-Sauerstoff-Schneidverfahren ist als Oxyarc-Verfahren bekannt geworden. Hierbei werden umhüllte Rohrelektroden benutzt, die in eine besondere Zange eingespannt werden. Außer mit dem üblichen Schweißkabel ist die Zange mit einer Schlauchzuführung für den Schneidsauerstoff versehen. Der Vorgang des Schneidens wird durch das Zünden des Lichtbogens eingeleitet. Die Schmelz- bzw. Verbrennungstemperatur an der Zündstelle des Werkstoffes ist durch hohe Lichtbogentemperatur schnell erreicht, so daß fast gleichzeitig durch Öffnen eines Ventilhebels in der Zange oder im Schweißerschutzschild der Sauerstoff zugeführt werden kann. Als Schweißstromquellen können sowohl Umformer wie auch Umspanner verwandt werden. Die Elektroden werden mit einem Durchmesser von etwa 5—8 mm angefertigt bei entsprechenden Abmessungen von etwa 1—4 mm für den Sauerstoffkanal. Die erzielbaren Schnittleistungen sind höher als die beim autogenen Schneiden, jedoch lassen die hohen Elektrodenkosten die Wirtschaftlichkeit des autogenen Schneidens nicht erreichen.

Besondere Vorteile bietet dieses Verfahren beim Schneiden von Gußeisen, hochlegierten Stählen, Nichteisenmetallen und beim Schneiden von Stahl bei Demontagen und Verschrottungen schwer zugänglicher Konstruktionen u. dgl. Wenn der Oxydschmelzpunkt oder die Entzündungstemperatur höher als die Schmelztemperatur des jeweiligen Metalles liegt, ist der autogene Brennschnitt nicht mehr durchführbar. In diesen Fällen bietet das Oxyarc-Verfahren große Vorteile und kann zweckmäßigerweise als Ersatz für mechanische Bearbeitungen, wie Bohren, Sägen, Hobeln usw., dienen. Dies trifft für Schneidarbeiten an Metallen, hochlegierten Stählen und Gußeisen zu. Die Sauberkeit autogener Stahlschnitte wird jedoch nicht erreicht. Bei der Demontage von Stahlkonstruktionen kann dieses Verfahren zur Entfernung von Nieten (Abschneiden der Nietköpfe) angewandt werden. Es ist an Nietkonstruktionen mit Luftspalten und Verunreinigungen zwischen den einzelnen Konstruktionsteilen gegenüber anderen Schneidverfahren besonders günstig. Auch das Brennen von Löchern in Stahlplatten kann ausgeführt werden. Gute Eignung findet das Oxyarc-Verfahren außerdem als Trennverfahren für starke Profilquerschnitte, wie Rundquerschnitte, Eisenbahnschienen usw., s. Bild 54.

Das Schweißen und Schneiden mit dem Lichtbogen kann ebenfalls bei Unterwasserarbeiten, vor allem im Wasserbau und teils auch im Schiffbau, angewendet werden. Die Schweißungen werden mit üblichen Schweißumformern vorgenommen, Zuleitungskabel und Elektrodenzange müssen isoliert sein. Geschweißt wird mit dick umhüllten Elektroden, die zum Schutz gegen die Einwirkung des Wassers mit einer Lackschicht überzogen sind. Die Absorbierung der schädlichen Lichtbogenstrahlen durch das Wasser ermöglicht das Schweißen ohne besondere Schutzgläser. Die schnelle Abkühlung ergibt hohe Schweißspannungen und die Gefahr von Aufhärtungen, vor allem beim Schweißen an Stählen höherer Festigkeit.

Bild 54: Abschneiden von Gießtrichtern an einem Stahlguß-Rad (7)

XIII. DIE WIRTSCHAFTLICHKEIT DER ELEKTRISCHEN SCHWEISSVERFAHREN

Die stetig wachsenden Anwendungsmöglichkeiten der elektrischen Schweißverfahren in der gesamten stahlverarbeitenden Industrie liegen in verschiedenen Vorteilen gegenüber Niet- und Gießverfahren begründet. Die Vorteile sind:

1. Werkstoff- und Gewichtseinsparung,
2. günstigere Festigkeitsverhältnisse,
3. zum Teil billigere Bauweise.
4. geringerer Reibungswiderstand durch Fortfall von Überlappungen,
5. zweckmäßigere, bessere und schönere Formgestaltung.

Im Fahrzeugbau spielt weiterhin die Verringerung des Eigengewichtes und damit die Einsparung an Maschinenleistung eine nicht zu unterschätzende Rolle.

Die Erreichung solcher Bestlösungen ist nur durch Beschreitung vollkommen neuer Wege unter Beachtung schweißgerechter Konstruktionen möglich gewesen. Beim Neuentwurf ist die Bemessung nicht nur nach Festigkeit, sondern auch nach Starrheit und nach Knick- und Beulbeanspruchung durchzuführen. Drei verschiedene Bauweisen lassen sich herausstellen.

Plattenbauweise: Älteste Bauweise, die in ihrem Aufbau der Guß-Konstruktion nachgebildet wurde. Anzutreffen im Maschinenbau, vor allem Pressenbau. Einsparung an Gewicht sowie Verlängerung der Lebensdauer durch Verwendung von Werkstoffen höherer Festigkeit, z. B. bei Zahnrädern (Zahnkranz aus St 60).

Zellenbauweise: Auflösung und Gliederung der starkwandigen Konstruktion in einzelne Zellen, die nach dem Zusammensetzen miteinander verschweißt werden (Bienenwaben-System!). Ergibt volle Werkstoff-Ausnutzung der so gestalteten Hohlprofile und durch zweckentsprechende Versteifungen schwingungsfeste und starre Konstruktionen. Gewichtseinsparungen bis 60 %.

Schalenbauweise: Die Steifigkeit verhältnismäßig dünner Blechfelder wird durch aufgeschweißte Versteifungen und Profile, teils auch eingedrückte Sikken usw. erreicht. Im Flugzeugbau zuerst entwickelt. Anwendung: Schiffbau und Fahrzeugbau („Mittragen" der Fahrzeugaufbauten).

Die möglichen Gewichtseinsparungen bei Schweiß- an Stelle von Gußkonstruktionen betragen im Maschinenbau (Getriebe, Kupplungen, Zahnräder u. a.) bis zu 50 % und mehr. Ähnlich liegen die Verhältnisse beim Bau von Werkzeugmaschinen (Schleifmaschinen, Dreh- und Fräsbänke), die zur Erreichung genügender Starrheit in Zellenbauweise geschweißt werden.

Weitere Vorteile der Schweißkonstruktion liegen in der Verringerung des Ausschusses und Verkürzung der oftmals langen Lieferzeiten bei Gußteilen.

Bei Gegenüberstellung von Schweiß- und Nietkonstruktion lassen sich nicht so hohe Gewichtseinsparungen erzielen. Sie betragen im Stahlhochbau bei Fachwerkträgern, Bindern und Verladebrücken immerhin 15 bis 25 % und mehr. Die verminderten Baugewichte ergeben sich durch geringere Materialquerschnitte infolge Fortfall der Querschnittsschwächungen durch Nieten, Fortfall von Knotenblechen, Überlappungen, Nietköpfen u. dgl.

Bei der Herstellung von Untergestellen im Fahrzeugbau liegen die Gewichtseinsparungen auf annähernd gleicher Ebene, lassen sich jedoch bei Ausführung des Aufbaues in Schalenbauweise noch wesentlich steigern. So reduzierte sich das Gewicht eines D-Zugwagens von 47 t bei genieteter Ausführung auf 43 t bei geschweißtem Untergestell und bei Ausführung des Aufbaues in Schalenbauweise sogar auf 27,8 t, was 28 % bzw. 41 % Gewichtsersparnis entspricht. Erheblichen Anteil an der Einsparung — etwa 30 % — hat hierbei die Verwendung von Baustahl St 52 an Stelle von St 37.

Auch im Schiffbau lassen sich durch die Anwendung der Schweißung Materialersparnisse von 15 bis 20 % erzielen. Bei einem während des letzten Krieges gebauten Handelsschiff, einem Typ von 9000 t Tragfähigkeit, wurde bei einem Gesamt-Stahlgewicht von 2335 t eine Materialersparnis bis 350 t je Schiff erreicht (15 %). Das Optimum an Gewichtsverminderung tritt jedoch erst beim Bau ganz geschweißter Schiffe ein. Diese Bauweise hat sich seit langen Jahren im Kriegsschiffbau mit bestem Erfolg eingeführt. Im Handelsschiffbau verspricht die Anwendung des Schweißens beim Tankerbau die größten Erfolge, da dieses Verfahren wesentlich zur einfachen und wirtschaftlichen Erstellung dichter Zellen und Bunkerräume beiträgt.

XIV. AUSBILDUNG DER ELEKTROSCHWEISSER

A. Schweißerausbildung

Der große Einsatz der Schweißverfahren erfordert bei allen tragenden und hochbeanspruchten Konstruktionen große Sicherheit gegenüber auftretenden Schäden und damit ein hohes Verantwortungsbewußtsein seitens der ausführenden Betriebe wie auch der Schweißer. Eine gute Ausbildung der Schweißer ist daher unerläßlich.

Der Schmelzschweißer ist seit zwei Jahrzehnten ein anerkannter Lehrberuf. Während bis Kriegsende in der meist dreijährigen Lehrzeit die Ausbildung in der Gasschweißung (autogen) und der Lichtbogenschweißung durchgeführt wurde, hat man seit einigen Jahren zwei getrennte Berufsbilder geschaffen, den Autogen- oder Gasschweißer und den Elektroschweißer. Die Ausbildung, die sich im ersten Jahr in den Grundzügen auf die Unterweisung in beiden Verfahren erstreckt, umfaßt neben der eigentlichen Schweißausführung die Vorbereitungsarbeiten und die Grundbegriffe des Schlosser- und Schmiedehandwerks und schließt mit der Gesellenprüfung ab. Außer in der Berufslehre kann das Schweißen für andere Metallhandwerker und Umschüler durch Schweißlehrgänge vermittelt werden. Der Gesamtlehrgang ist in drei Lehrgänge unterteilt, in einen Grundlehrgang von 44 Stunden und zwei sogenannte Aufbaulehrgänge von je 88 Stunden Dauer, insgesamt 220 Stunden. Der Lehrgang schließt mit einer Richtlinienprüfung ab, so genannt nach den für die Ausbildung bestehenden „Richtlinien für Schweißerlehrgänge". Die Ausbildung im Lichtbogenschweißen beginnt mit dem Legen von Raupen auf einem Werkstück, sog. Auftragschweißungen. Das Ziehen und gleichmäßige Halten des Lichtbogens ist eine Übung, die nicht unterschätzt werden darf und bildet eine wesentliche Grundlage für das spätere handwerkliche Können. Seitens des Lernenden muß daher den Anfangsübungen entsprechendes Verständnis und der notwendige Ernst entgegengebracht werden. Anschließend werden die Übungen auf die ersten Verbindungsschweißungen, zuerst Kehlnähte, dann Bocknähte und Stoßschweißungen (V-Naht) erweitert. Als Elektroden sollen blanke oder dünn umhüllte verwendet werden. Sie verschweißen sich wesentlich schwieriger als Mantelelektroden, ermöglichen jedoch dem Schweißer, das Schmelzbad und die Vorgänge im Lichtbogen besser zu beobachten. Der Lernende wird zum richtigen Schweißen „erzogen", denn nur bei richtiger Elektrodenhaltung lassen sich bei der Verwendung blanker Elektroden einwandfreie Schweißungen erzielen. Die weiteren Übungen, die bereits in die Aufbaulehrgänge gehören, erstrecken sich auf Senkrecht- und Überkopfschweißungen, auf das Schweißen dünner Bleche, das Aufbauen der Nähte in mehreren Lagen, Arbeiten mit verschiedenen Elektroden usw. Die Ausbildung wäre unvollständig, wenn der werdende Schweißer nicht an Hand von Querschliffen und Bruchproben seiner eigenen Übungsstücke in Gegenüberstellung mit guten Versuchsstücken laufend über seine Ausbildung und Fortschritte unterrichtet würde.

B. Schweißerprüfung

Als Fähigkeitsnachweis für Elektroschweißer gilt die Schweißerprüfung nach DIN 4100, die für verschiedene Schweißgebiete Gültigkeit hat. Sind die von dem Schweißer auszuführenden Arbeiten abnahmepflichtig, so muß er sich jedes halbe Jahr einer Prüfung unterwerfen.

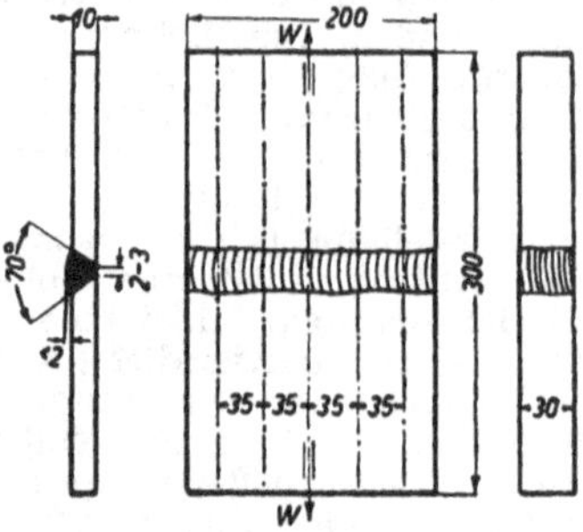

Bild 55: Schweißerprüfung: V-Naht

In dieser Prüfung werden drei Probestücken von dem Schweißer verlangt: eine V-Naht, s. Bild 55, waagerecht geschweißt, und zwei Kreuzproben, s. Bild 56, davon eine waagerecht und eine senkrecht gefertigt mit je vier Kehlnähten. Die Vorhandschweißung am Kreuzstück kann durch Überkopfschweißung ersetzt werden, wenn solche Arbeiten vom Schweißer ausgeführt werden sollen. Die dabei benutzten Werkstoffe und Elektroden sollen den für die Bauwerke verwendeten entsprechen. Aus den geschweißten Probestücken werden Streifen von 30 bzw. 35 mm Breite herausgeschnitten und ausgewertet. Aus der Stumpfprobe werden vier Streifen herausgetrennt; zwei davon werden einem Zerreißversuch unterworfen, die beiden anderen werden auf einer Biegevorrichtung bis zum ersten Anriß gebogen. Von den Kreuzproben werden je drei Streifen entnommen und zerrissen. Bei der Prüfung sind bestimmte Mindestwerte vorgeschrieben, und zwar:

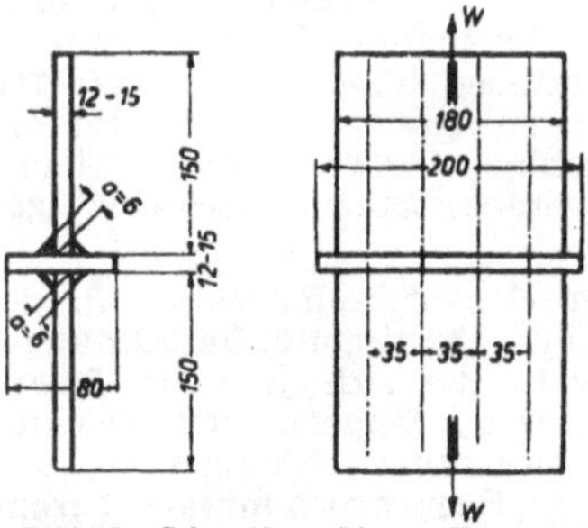

Bild 56: Schweißerprüfung: Kreuzprobe

a) Für Stumpfproben (V-Naht):
bei St 37 eine Zerreißfestigkeit von mindestens 37 kg/mm²,
bei St 52 eine Zerreißfestigkeit von mindestens 52 kg/mm².
Die Biegewinkel müssen mindestens 50° und teils 90° betragen.

b) Für Kehlnähte:
bei St 37 eine Zerreißfestigkeit von mindestens 26 kg/mm²,
bei St 52 eine Zerreißfestigkeit von mindestens 39 kg/mm².

Die regelmäßige halbjährliche Wiederholungsprüfung verlangt zunächst nur die Kreuzprobe. Sobald diese Prüfung nicht befriedigt, ist die ganze Schweißerprüfung zu wiederholen.

XV. SCHWEISSVORSCHRIFTEN

Aus Sicherheitsgründen sind bei der Ausführung bestimmter Schweißarbeiten die jeweiligen behördlichen Schweißvorschriften zu beachten. Die wichtigsten sind:

1. Vorschriften für geschweißte Stahlhochbauten (DIN 4100),
2. Vorschriften für geschweißte, vollwandige stählerne Straßenbrücken (DIN 4101),
3. Vorläufige Vorschriften für geschweißte, vollwandige Eisenbahnbrücken (Deutsche Bundesbahn),
4. Vorläufige Vorschriften für geschweißte Fahrzeuge, Vogefa (Deutsche Bundesbahn),
5. Werkstoff- und Bauvorschriften für Landdampfkessel,
6. Germanischer Lloyd (für Handelsschiffbau).

Auf die einzelnen Schweißvorschriften kann nicht näher eingegangen werden. Allgemein müssen für die Zulassung der Betriebe zum Schweißen in den entsprechenden Fachgebieten bestimmte Voraussetzungen erfüllt sein. Die Werke müssen über die notwendigen Schweißgeräte, Vorrichtungen und sonstigen erforderlichen Werks- und Maschineneinrichtungen verfügen, darüber hinaus ist ein verantwortlicher Schweißingenieur erforderlich.

Bei der Berechnung der Konstruktionen sind für die Bemessung der Schweißnähte bestimmte Berechnungsfaktoren zu berücksichtigen, die sich je nach Beanspruchungsart und Vorschriften ändern. Bei Schwingungsbeanspruchungen (Brückenbau, Fahrzeugbau) und im Kesselbau sind je nach Beanspruchungsart besondere Berechnungsfaktoren, Bearbeitungs- und Behandlungsvorschriften zu beachten. Die im vorherigen Abschnitt beschriebene Schweißerprüfung hat mit teilweise geringfügigen Abweichungen für die oben angeführten Vorschriften Gültigkeit. Eine Ausnahme macht der Kesselbau. Hier sind die „Richtlinien für die Ausbildung und Prüfung von Kesselschweißern“ zu beachten. Danach sind zwei Probeplatten in 15 bis 20 mm Dicke, eine waagerecht und eine senkrecht, zu schweißen. Nach vorhergehender Röntgenuntersuchung werden Zerreiß-, Biege-, Kerbschlag- und Gefügeproben angefertigt und untersucht, bestimmte Mindestwerte sind vorgeschrieben. Diese Prüfung gilt infolge der Forderung sehr hoher Gütewerte als die schärfste und schwierigste. Der verlangte Biegewinkel beträgt z. B. 150° bei der Waagerecht- und 120° bei der Senkrechtschweißung.

XVI. UNFALL-VERHÜTUNGSVORSCHRIFTEN

Die hohen Anschluß-Spannungswerte der Schweißmaschinen können bei Unvorsichtigkeit, z. B. beim Transport der Schweißmaschine ohne Abschaltung, die Gesundheit oder gar das Leben gefährden. Der Maschinenanschluß an das Netz sowie Störungsbeseitigungen an Anschlüssen, Zuleitungen und Antriebsmotoren sollten daher stets von einem Elektriker ausgeführt werden. Die Schweißspannung der Schweißgeräte ist so ausgelegt, daß sie für den Schweißer keine Gefährdung bedeutet. Zu beachten ist jedoch, daß die Gefahr bei Feuchtigkeit und Nässe anwächst. Dies gilt besonders beim Schweißen mit Wechselstrom.

Das Schutzschild soll Augen und Gesicht vor den schädlichen Lichtbogenstrahlen schützen. Nicht nur die direkten Strahlen sind schädlich, sondern auch die von den Wänden und Decken reflektierten Strahlen. Treffen sie das ungeschützte Auge, so rufen sie schmerzhafte Entzündung der Netzhaut hervor (Verblitzen der Augen). Das Schutzschild soll aus diesem Grunde nahe ans Gesicht herangebracht werden. Beim Auftreffen der Strahlen auf die ungeschützte Haut tritt eine Rötung ein. Mit unbedeckten Armen und Oberkörper soll daher nicht geschweißt werden. Als Strahlenschutz werden farbige Gläser, meist dunkelblaue, verwendet. Auf genormte Gläser ist zweckmäßigerweise zu achten, sie sind durch dreistellige Ziffern gekennzeichnet (z. B. DIN 789). Ziffer 1 zeigt den Schutz gegen ultraviolette Strahlen, Ziffer 2 den Schutz gegen sichtbare Strahlen und Ziffer 3 den Schutz gegen ultrarote Strahlen an.

Als Schutz gegen Verbrennungen wird das Tragen imprägnierter Schutzbekleidung, Lederhandschuhe usw., empfohlen. Sogar Verbrennungen im Gehörgang durch Schweißspritzer sind vorgekommen.

Obwohl die sich beim Schweißen entwickelnden Gase und Dämpfe im allgemeinen keine schädigenden Wirkungen hervorrufen, ist durch entsprechende Haltung des Schutzspiegels übermäßige Einatmung der Gase zu vermeiden. In engen Räumen ist auf Entlüftung zu achten. Bei Vorhandensein explosibler Gase gelten besondere Vorsichtsmaßnahmen, die zu beachten sind.

XVII. SCHWEISSNAHTPRÜFUNG

Bei der Prüfung von Schweißnähten unterscheidet man zwischen der mittelbaren Prüfung mit Zerstörung des Werkstückes (Zerreißversuch, Kerbschlagprobe usw.) und der unmittelbaren Prüfung von Schweißverbindungen ohne Zerstörung des Werkstückes. An dieser Stelle soll nur die letzte Gruppe, die eigentliche Schweißnahtprüfung zur Überwachung der Fertigung, Erwähnung finden.

Trotz zahlreicher und technisch hochentwickelter Prüfverfahren ist teils aus technischen und teils aus wirtschaftlichen Gründen eine Prüfung der gesamten Nähte geschweißter Bauteile nicht möglich. Man beschränkt sich vielmehr auf stichprobenmäßige Prüfungen. Von großer Wichtigkeit ist daher die sorgfältige Auswertung dieser Untersuchungen seitens der Betriebe, um aus den so gesammelten Erfahrungen Nutzen für Betrieb und Weiterbildung der Schweißer zu ziehen. Die Auswertung solcher Ergebnisse sollte daher stets den Schweißern mitgeteilt werden. Die wichtigsten Prüfmethoden seien kurz angeführt:

1. Eine auf nur äußerliche Untersuchung mit bloßem Auge abgestellte Prüfung und Überwachung wird leider meist unterschätzt. Sie sollte immer und stets gewissenhaft ausgeführt werden.

2. Die Röntgenprüfung hat die größte Bedeutung als Prüfverfahren erlangt und ist für die Abnahme vieler Schweißungen vorgeschrieben. Hierbei werden die Schweißfehler durch mehr oder weniger starke

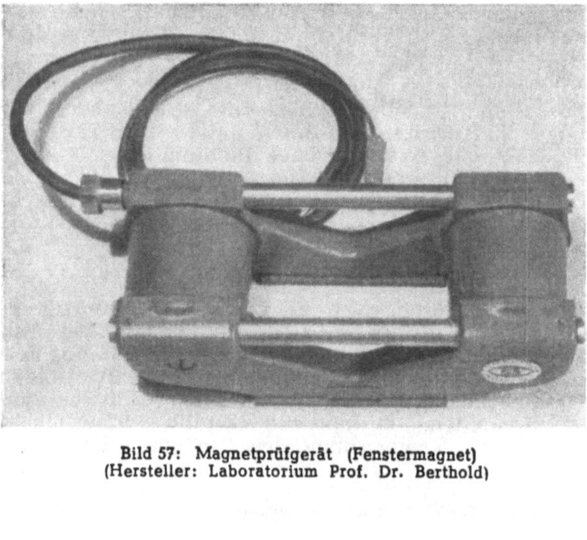

Bild 57: Magnetprüfgerät (Fenstermagnet)
(Hersteller: Laboratorium Prof. Dr. Berthold)

Schwärzung auf einem Röntgenfilm angezeigt. Nachteilig ist, daß Fehler, die nicht in Richtung des Strahlenganges liegen, nicht oder nur schlecht angezeigt werden. Anwendbar ist die Durchleuchtung mit Röntgenstrahlen bei Stahl bis Materialdicken von 80 bis 100 mm. Hohe Röhrenspannungen bis 300 000 Volt (300 kV) sind dabei erforderlich, die Fehlererkennbarkeit nimmt mit zunehmender Blechdicke ab. Bild 36 zeigt den Röntgenbefund einer Schweißnaht mit einer doppelten Schlakkenzeile, die im Querschliff des Bildes 35 deutlich sichtbar ist. Ein Wurzelbindefehler ist im Bild 37 ersichtlich.

3. Das Magnetpulververfahren. Bei der Magnetisierung der Prüfstelle, meist durch einen Elektromagneten, s. Bild 57, entsteht an Fehlstellen (Schlacken, Rissen, Bindefehler) ein magnetisches Streufeld. Die dadurch abgelenkten magnetischen Kraftlinien üben eine Richtkraft auf feingepulverte Eisenspäne aus, die sich an bzw. über den Fehlstellen anhäufen und so ein Prüfbild ergeben. Die Fehlerbildanzeige kann außer durch Aufstreuen von Eisenpulver durch Aufschwemmen von Metallölen — Übergußverfahren — erfolgen. Beim sog. UH-Verfahren (Unger-Hilpert-Verfahren) werden besondere Prüfgefäße, die die Prüfflüssigkeit (Aufschwemmung von Eisenpulver in Wasser) enthalten, s. Bild 58, verwendet, und schließlich ist eine Bildanzeige durch Aufstäuben möglich. Das Magnetpulververfahren ergänzt sinnvoll die Röntgenprüfung und hat vor allem bei der Fehlerentfernung bei Ausbesserungen besondere Bedeutung erlangt. Anwendbar ist das Verfahren nur bei magnetisierbaren Werkstoffen, wie Stahl und Nickel, es ist durch die Art der Fehleranzeige nicht für die Auffindung tieferliegender Fehler geeignet (verwaschene Bildanzeige), Oberflächenfehler dagegen, z. B. sogar feinste Haarrisse, ergeben klare und deutliche Erkennbarkeit bei der Bildwiedergabe.

4. Die Prüfung mit Ultraschall gehört zu den neuesten Prüfverfahren. Die Ultraschallgeräte für die Werkstoffprüfung benutzen Quarze zur Schallerzeugung. Ultraschallwellen haben die Eigenschaft, feste Stoffe zu durchdringen und andererseits von Werkstoffunterbrechungen (Materialtrennungen wie Dopplungen, Bindefehler, Risse und Einschlüsse) reflektiert zu wer-

den. Die mehr oder weniger starke Schwächung der durchgelassenen Intensität läßt Rückschlüsse auf den Prüfbefund zu. Grundsätzlich können bei der US-Prüfung drei verschiedene Methoden angewandt werden:

1) Beim Durchschallungsverfahren wird ein Sender und ein Empfänger verwandt, die entweder beidseitig

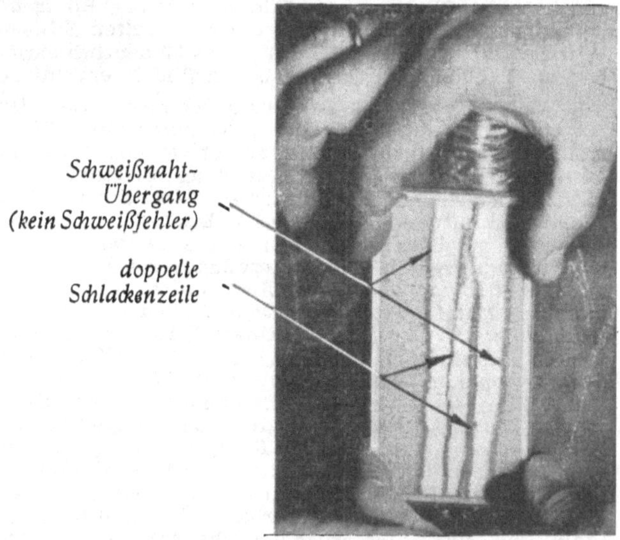

Bild 58: Magnet-Prüfbild einer Schweißnaht mit doppelter Schlackenzeile (Prüfmagnet liegt auf der Rückseite)

der zu prüfenden Bleche (nur bedingt möglich) oder einseitig mit Schrägeinstrahlung angesetzt werden.

2) Beim Impulsechoverfahren (US-Reflexionsmethode) sind Sender und Empfänger in einem Prüfkopf vereinigt (Radar-Prinzip). Anzeige erfolgt über eine Braunsche Röhre auf einen Bildschirm und kann mittels Fotoapparat festgehalten werden. Vorteile: vereinfachte Handhabung, günstige Ankopplungsverhältnisse.

3) Beim Schallsichtverfahren (US-Bildwandler) wird der Fehler in seinen „natürlichen Umrissen“ als sog. „Schallbild“ angezeigt, vergleichbar dem Schirmbild der Röntgendurchleuchtung. Der in einer mit Flüssigkeit gefüllten Zelle fein verteilte Aluminiumflitter wird von dem Schallstrahl gerichtet, reflektierte Lichtstrahlen ergeben alsdann Hell-dunkel-Bilder.

Auf gute Ankopplung des Quarzes ist zu achten, kleinste Luftspalte verhindern bereits Durchschallung, ermöglicht durch Verwendung von Wasser oder Öl, für Fertigungsprüfungen zweckmäßig Koppelpasten. Die Ultraschallprüfung ist eine wertvolle Ergänzung der übrigen Prüfverfahren und wird daher in steigendem Maße angewandt. Im Gegensatz zur Röntgenprüfung erleidet dieses Verfahren durch größere Werkstoffdicken infolge mangelnder Fehlererkennbarkeit keinerlei Einbuße. Ebenfalls sind die Prüfkosten und der Zeitaufwand gering. Nachteilig ist zunächst noch das Fehlen eines dokumentarischen Prüfergebnisses. Bei der Schallprüfung ist darauf zu achten, daß die Beschallungsrichtung senkrecht, zumindest in einer Komponente zum Materialfehler (Risse!) erfolgt.

5. Prüfung auf Dichtigkeit mit Wasserdruckproben hat im Schiffbau besondere Bedeutung erlangt und ist dort für die Abnahme von Tanks, Zellen und Bunkern unentbehrlich geworden.

Außer diesen Prüfverfahren sind noch zahlreiche andere Methoden entwickelt worden, z. B. Fluoreszenzverfahren, elektrische Verfahren, Kalkmilchprobe usw. Größere Bedeutung haben diese Verfahren bei der allgemeinen Schweißnahtprüfung nicht erlangen können, sie bleiben allenfalls auf Sondergebiete beschränkt. Die große Anzahl bestehender Prüfmethoden und stetig neu entwickelter Verfahren beweist, daß ein billiges, wirtschaftliches und auch technisch in jeder Hinsicht befriedigendes Verfahren noch der kommenden Entwicklung vorbehalten bleibt. Das sollte jeden Schweißer und jeden mit der Schweißtechnik Beschäftigten verpflichten, mehr noch als bisher durch höchstes Verantwortungsbewußtsein zur größtmöglichen Sicherheit schweißtechnischer Bauwerke beizutragen.

SCHRIFTTUMSVERZEICHNIS

1. Praktisches Handbuch der Lichtbogenschweißung von Ing. KTH.Dag DU Rietz, Stockholm und Prof. Dr.-Ing. Helmut Koch, Hannover, Verlag Friedr. Vieweg & Sohn, Braunschweig.
2. Schweißen der Eisenwerkstoffe von Dr.-Ing. Karl Ludwig Zeyen und Dr.-Ing. Wilh. Lohmann, Verlag Stahleisen mbH., Düsseldorf.
3. Stahl und Eisen beim Schweißen von Dr.-Ing. Karl Tewes †, Vulkan-Verlag Dr. W. Classen, Essen.
4. Praktisches Handbuch der gesamten Schweißtechnik, II. Band: Elektrische Schweißtechnik, von Professor Dr.-Ing. P. Schimpke und Ober-Ing. Hans A. Horn, Springer-Verlag, Berlin-Göttingen-Heidelberg.
5. Aus Theorie und Praxis der Elektroschweißung, Verlag Friedr. Vieweg & Sohn, Braunschweig.
6. Zeitschrift „Elektroschweißung“, Jahrgang 1936 bis 1945, Verlag Friedr. Vieweg & Sohn, Braunschweig.
7. Zeitschrift „Schweißen und Schneiden“, Jahrgang ab 1949, Verlag Friedr. Vieweg & Sohn, Braunschweig.

Sachverzeichnis

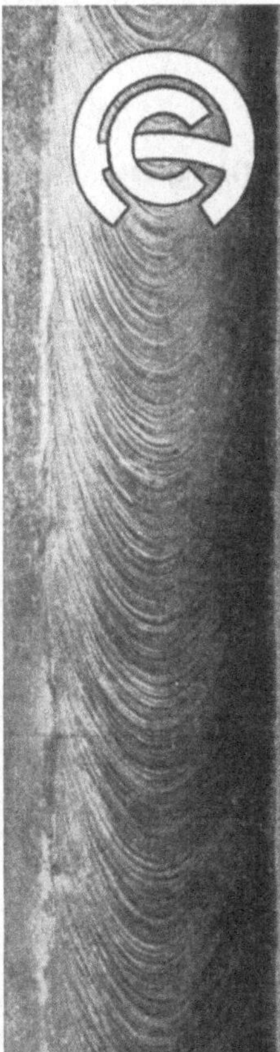

DALEX-
Hochleistungs-Schweißtransformatoren
75 - 150 - 180 - 250 - 360 - 500 - 1000 A
Schweißgleichrichter
Schweißumformer
Punktschweißmaschinen
DALEX
Typ T 32/150 Amp
Typ P 20/13 KVA
Typ T 2102/900 Amp
Typ G 351/220 Amp
DALEX-WERK NIEPENBERG & CO. G.M.B.H. WISSEN/SIEG

HMD
LÖST
JEDES
Schweiß-
PROBLEM
Hugo Miebach G.m.b.H.
Dortmund, Adlerstraße 81-93 · Telefon 33954